精选

人气西点全书

彭依莎 主编

江西科学技术出版社

图书在版编目（CIP）数据

精选人气西点全书 / 彭依莎主编. -- 南昌 : 江西科学技术出版社, 2019.5
ISBN 978-7-5390-6624-0

Ⅰ. ①精… Ⅱ. ①彭… Ⅲ. ①西点－制作 Ⅳ. ①TS213.23

中国版本图书馆CIP数据核字(2018)第259557号

选题序号：ZK2018240
图书代码：B18241-101
责任编辑：李智玉

精选人气西点全书

JINGXUAN RENQI XIDIAN QUANSHU

彭依莎　主编

摄影摄像　深圳市金版文化发展股份有限公司
选题策划　深圳市金版文化发展股份有限公司
封面设计　深圳市金版文化发展股份有限公司
出　　版　江西科学技术出版社
社　　址　南昌市蓼洲街2号附1号
邮编：330009　电话：（0791）86623491　86639342（传真）
发　　行　全国新华书店
印　　刷　深圳市雅佳图印刷有限公司
开　　本　787mm×1092mm　1/16
字　　数　200千字
印　　张　16
版　　次　2019年5月第1版　2019年5月第1次印刷
书　　号　ISBN 978-7-5390-6624-0
定　　价　49.80元

赣版权登字：-03-2019-056

Contents 目录

Part 1 西点制作的基础知识

Part 2 看起来很美味的面包

Part 3
尝过后好心情的蛋糕

Part 4 嘎嘣嘎嘣酥脆的饼干

Part 5 打发空闲时间的零食

Part 6 让空气变香甜的甜点

Part 1

西点制作的基础知识

各式美味的西点，都离不开原料与工具的完美结合，再运用娴熟的手法，才能呈现一道道精致的西式点心。因此，本章主要向大家介绍制作西点的基本工具、原料以及不可不知的小窍门，让你事半功倍。

制作西点的常用工具

俗话说："工欲善其事，必先利其器。"要想制作出美味可口的西点，就必须要提前准备以及熟练运用各种所需工具，下面来了解一下烘焙时需要用到的工具吧。

刮板

刮板通常为塑料材质，主要用于搅拌面糊和蛋清，也可用于揉面时铲面板上的面、压拌材料以及鲜奶油的装饰整形。

戚风蛋糕模

做戚风蛋糕必备的用具，一般为铝合金制，圆筒形状，多带磨砂感，制作蛋糕时只需将戚风蛋糕液倒入，然后烘烤。

裱花袋

裱花袋是形状呈三角形的塑料材质袋子，使用时装入奶油，再在最尖端套上裱花嘴或直接用剪刀剪开小口，可以挤出各种纹路的奶油花。

面粉筛

面粉筛一般都是由不锈钢制成，是用来过滤面粉的烘焙工具，面粉筛底部为漏网状的，可以用于过滤面粉中含有的其他杂质。

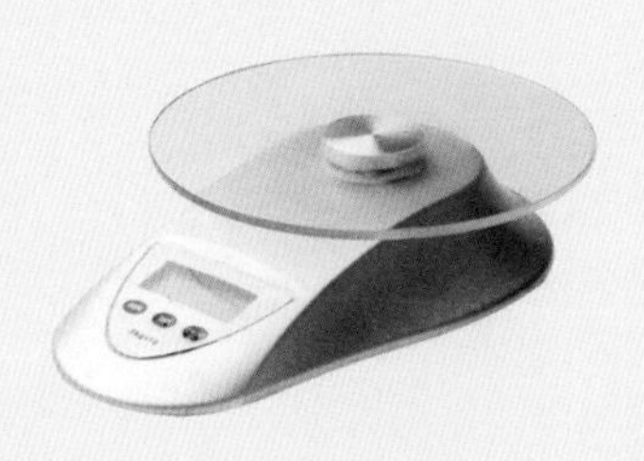

电子秤

电子秤又叫电子计量秤，用来称量各式各样的粉类（如面粉、抹茶粉等）、细砂糖等需要准确称量的材料。

吐司模

吐司模主要用于制作吐司，要购买金色不粘的吐司模，就不需要涂油防粘。

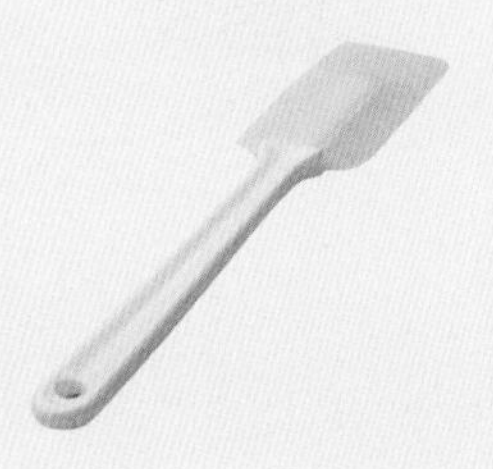

长柄刮板

长柄刮板是一种软质、如刀状的工具，它的作用是将各种材料拌匀，及将盆底的材料刮干净。

电动搅拌器

电动搅拌器打发速度快，比较省力，使用起来十分方便，西点中常用来打发奶油、黄油或搅拌面糊等。

蛋挞模

用于制作普通蛋挞或葡式蛋挞。一般选择铝模，压制比较好，烤出来的蛋挞口感也比较好。

布丁模

布丁模是由陶瓷、玻璃制成的杯状模具，形状各异，耐高温，可以用来DIY酸奶、做布丁等小点心。

制作西点的必备材料

在制作面包过程中，需要运用到各种各样的材料，其中，基本材料共有三种，分别是面粉、水、酵母，再加上其他多种材料，赋予了面包不同的口感和风味。

无盐黄油

由油和水分构成的天然油脂。通常在制作甜点的时候，我们所使用的都是无盐黄油。虽然使用有盐黄油可以延长甜点的保存时间，但是有些甜点中如果出现咸味会影响风味。

面粉

面粉分为低筋面粉、中筋面粉、高筋面粉。通常来说，市售的面粉均为中筋面粉，制作蛋糕、饼干常常使用低筋面粉，制作面包时通常使用蛋白质含量较多的高筋面粉。

调味料、着色剂

用于增添产品的风味，使产品呈现好看的颜色，例如香草荚、香草精、肉桂粉、抹茶粉、可可粉、各种口味的香油等。

全麦粉

全麦粉是用小麦磨制成且没有使用增白剂的原色原味面粉，这种面粉中的粗纤维对人体健康最有益，常常被健身减肥人士作为早餐主食。

鸡蛋

鸡蛋是制作西点时常用到的食材，在使用时需要保持常温，所以要提前从冰箱拿出放置在常温下回温 1~2 小时后使用。

奶类

牛奶、淡奶油、奶油奶酪等制品都是由生牛乳加工而成的。用在产品中可以增添产品的香气，提升产品的口感。

凝结剂

在制作慕斯、果冻等产品的过程中时常使用，例如吉利丁片、果冻粉等。可以制作出柔软且具有弹性口感的产品。

膨松剂

在制作面包、饼干时少量添加膨松剂有助于烘烤过程中膨胀，如泡打粉、小苏打、塔塔粉等。

巧克力

巧克力分为可可脂和代可可脂两种，在使用过程中要特别注意，巧克力不能进水，否则成色会变差。

糖类

西点的制作中主要使用的是细砂糖，除此之外，还会使用到糖粉、蜂蜜及各类糖浆、红糖、枫糖等。

西点制作答疑解惑

低筋、中筋、高筋面粉各适宜用来做什么食物?

★低筋面粉：低筋面粉简称低粉，又叫蛋糕粉，其蛋白质含量在9.5%（含）以内，因此筋度弱，在做蛋糕、饼干、小西饼点心、中式花卷、酥皮类点心等这些食物的时候就可以选择低筋面粉。

★中筋面粉：指普通面粉，其蛋白质的含量在11%左右，颜色呈乳白色，介于高、低筋面粉之间，质感半松散，中筋面粉适合制作中式食物，如包子、面条、馒头、饺子等。

★高筋面粉：其蛋白质含量平均为13.5%左右，颜色较深，本身较有活性且光滑，手抓不易成团状；因蛋白质含量高，所以筋度强，常用来制作具有弹性与嚼感的面包、面条等。在烘焙中多用于在松饼（千层酥）和奶油空心饼（泡芙）中。在蛋糕方面仅限于高成分的水果蛋糕中使用。

黄油在烘焙中扮演的角色是怎样的?

黄油的种类包含有盐黄油和无盐黄油、天然黄油和人造黄油。其中，常用的黄油分为有盐黄油和无盐黄油。无盐黄油更易腐烂，但味道更鲜美、更甘甜，因此烘焙效果也更好一些。如果烘焙中你要使用的是有盐黄油的话，则需注意味道的调节，配方里盐的分量应该要相应减少。一般我们烘焙配方中没有特别提到的话默认使用的则是无盐黄油。黄油也可直接涂抹食用 。

黄油属于奶油一类，因为黄油是呈黄颜色，所以称黄油。在中国台湾地区以及国外地区，大家都是称黄油叫奶油，而中国大陆地区都是称黄油。

★黄油于蛋糕：黄油有软化面粉结构的作用，可以使蛋糕膨发时更加美观、口感更加软甜。

★黄油于面包：黄油有很高的延展性，因此可以锁住面团中的水分，改变面团的湿黏性，烘焙面包时加入黄油能增加风味，可以使得烘焙出来的面包、吐司口感更加松软，不会干涩。且黄油属于油脂类食材，所以可以延缓面包的老化。

★黄油于饼干：黄油是饼干制作中不可或缺的材料之一，是做曲奇等饼干时的起酥油。黄油在饼干中的作用可以增加香味、挑起食欲。打发后的黄油可以增加食物的香味，让饼干酥脆蓬松，促进饼干的成型与花纹的保持。

总的来说，黄油的作用有：延长保质期；利于面团膨发，增加糕点质感；使得糕点松软，增香、激发人的食欲。需注意，黄油在烘焙食材中并不是越多越好，如果黄油过多，烘焙食材则会顶部下塌，口感油腻。如果黄油过少，则烘焙食材发紧，顶部凸起，导致裂开。

牛奶在烘焙中的作用是什么？该如何挑选牛奶？

我们口中常提到的、食用的通常是全脂的新鲜牛奶。其成分由将近九成水，一成的脂肪、固体物（乳糖、蛋白质和矿物质）构成。

牛奶可以给烘焙食物增加香味、营养，是烘焙原料里水分的来源。一般，如果配方中使用了牛奶的话，则后续可以不使用水了。牛奶类包括鲜奶、浓缩奶和粉状奶品。其中粉状奶品，如奶粉，在制作面包中经常被用到。而烘焙食物中常被使用的牛奶，一般全脂纯鲜牛奶即可。

植物性奶油与动物性奶油有什么区别？

奶油鲜甜、滑腻，所以很多人喜欢吃奶油；虽然奶油好吃，但很多人拒绝吃奶油，因为据说它会让人发胖。植物性奶油与动物性奶油，一听名字，你可能觉得植物性奶油跟植物有关系，所以脂肪含量肯定低，而动物性奶油一听就很腻味、很高热量，所以把动物性奶油屏蔽在你的烘焙材料清单中。虽然两种奶油只有一字之差，但差距可是相隔千里，并且动物性奶油其实比植物性奶油更加优秀。

★植物性奶油：植物性奶油是人造奶油，它是用氢化植物油、糖或是甜味剂、水、乳化剂、增稠剂为主要原料制作，再通过乳化、极冷等工艺制成的。植物奶油在性状上与天然奶油（动物奶油）是相似的，但是在营养价值和其他方面则是不能与动物奶油相媲美的。

植物奶油易打发，容易做造型，耐高温，市面上漂亮的造型蛋糕大部分都是植物奶油做的。植物奶油口感香甜，奶油颜色非常洁白。植物奶油易保存，冷冻甚至常温下都可以保存。但是，需注意的是，植物奶油中含有大量氢化油，是反式脂肪酸，对心脑血管健康存在严重威胁，长期使用不仅容易引发肥胖，更容易引发高血压、高血脂、动脉硬化等心脑血管疾病以及糖尿病。因此，植物奶油在不少国家被禁用。

★动物性奶油：动物性奶油是从牛奶中分离出来的脂肪制成的天然奶油。相比于植物奶油来说，动物奶油十分不易打发，难做造型，不耐高温，常温下都能溶化；动物奶油天生偏黄一点，但味道口感清爽，有牛奶的清香味道，口感比植物奶油更胜一筹；动物奶油由于是完全天然，所以保存条件高，需要在2～8℃的低温下保存，而且容易吸附味道，所以在家用冰箱保存的时候要密封好，大概有6～9个月的保质期。

大家千万别被两种奶油的名称误导，从工艺上说，动物奶油是牛奶中的脂肪分离获得的，而植物奶油则是以大豆等植物油、水、盐、奶粉加工而成的。

从口感上说，动物奶油口味更顺滑细腻一些，加在烘焙食物中更能提升食物的味道。

从营养价值上说，动物奶油脂肪高，是一种高热能的食品，维生素A的含量也相应地多，但动物奶油含的蛋白质、乳糖、矿物质、钙、磷等则相应较少。主要成分是乳脂，大量食用对健康是不大好，不过如果单纯地以脂肪来比，乳脂的脂肪质量是要高过猪油、牛油等动物脂肪，也高过大豆油、棕榈油和椰子油，乳脂含有超过百分之三十的不饱和脂肪酸，也就是说吃同样重量的动物奶油比大豆油、牛油对健康要好。植物奶油热量不比动物奶油低，脂肪的质量要差，蛋白质、矿物质、钙、磷几乎没有，更是含有对心血管有很大危害的反式脂肪酸，从健康角度考虑制作烘焙食物时使用动物性奶油较好。

奶油奶酪与奶酪的区别是什么？

★奶油奶酪：是一种没有或不完全进行脱脂工艺并且只经过短时间发酵的全脂鲜奶酪，它色泽洁白，质地柔软，近乎于奶油，很适合涂抹也常被用于制作蛋糕，但是保存期很短。奶酪是牛奶经浓缩、发酵而成的奶制品，它基本上排除了牛奶中大量的水分，保留了其中营养价值极高的精华部分，被誉为乳品中的“黄金”。奶油奶酪是鲜奶酪，基本没有发酵过程，所以，味道比较清淡，适合制作蛋糕，能被大多数人接受。奶油奶酪口感细腻，味道略酸，它的用途可制作甜品，用其做出的甜品味道有浓浓的奶香味且甜腻中透着微微的酸味。

★奶酪：牛奶提取出的第一部分是奶油，最后提取的才是奶酪，不甜不咸。从营养上来讲，奶酪的营养是绝对大于奶油的。奶酪与芝士是同种物质，是乳经过发酵后加工而成的，含有大量营养物质，钙、蛋白质、微量元素等含量丰富，浓缩了牛奶全部营养的精华。奶酪、动物奶油和动物黄油都是以牛奶为原材料的，奶酪是通过发酵和凝乳得到的。牛奶里含量最多的蛋白质叫酪蛋白，在凝乳酶的作用下，这些酪蛋白会发生凝集而变成固体。把固体收集起来，按照奶酪种类的不同，有的要进行发酵，有的要进行熟化，最后制得的就是美味的奶酪。一般的芝士，含有30%左右的水、35%左右的脂肪、32%的蛋白质和少量的矿物质。烘焙中，我们最常用的是奶油奶酪。

奶酪是奶制品，所以需要冷藏（不是冷冻），可以直接食用。奶酪可做西餐佐料，也可单独作为主菜，亦可夹在面包、饼干、汉堡包里一起吃，或与沙拉、面条拌食。奶酪放进烤箱内烘烤几分钟就会软化，所以在做披萨时会放在披萨的表层，烘烤出来的披萨会很有黏性，并且很美观。民间会使用奶酪来做西式焗饭，口感与外观都很不错。

Part 2

看起来很美味的面包

面包渐渐出现在了大众的餐桌上，越来越多人愿意自己在家制作面包，千变万化的佐餐面包、口感丰富的夹馅面包、吃不厌的咸面包……本章介绍了高人气面包的制作方法，让喜欢制作面包的你一学就会。

咖啡长条奶油面包

烘焙：15分钟　难易度：★★★

材料

高筋面粉280克，低筋面粉20克，全蛋（1个）53克，牛奶100毫升，咖啡粉5克，细砂糖35克，酵母粉4克，盐2克，无盐黄油22克，温水50毫升，淡奶油150克，防潮糖粉少许

做法

1 将咖啡粉倒入装有温水的小玻璃碗中，搅匀成咖啡液。

2 将高筋面粉、低筋面粉、酵母粉、25克细砂糖、盐倒入大玻璃碗中，搅拌均匀。

3 将牛奶、咖啡液、全蛋液倒入大玻璃碗中，用橡皮刮刀翻拌均匀，再用手揉成团。

4 取出面团，放在干净的操作台上，将其反复揉扯拉长，再卷起、搓圆，最后按扁。

5 放上无盐黄油，将面团按扁、揉长，再翻压，再次收口，将其揉成纯滑的面团。

6 将面团分成三等份，再滚圆，擀成长舌形的面皮，从面皮的一边开始卷成卷，滚搓成条，制成面包坯。

7 取烤盘，铺上油纸，再放上面包坯；用刀片在面团上斜着划上几道口子。

8 将烤盘放入已预热至30℃的烤箱中层，静置发酵约30分钟，取出。

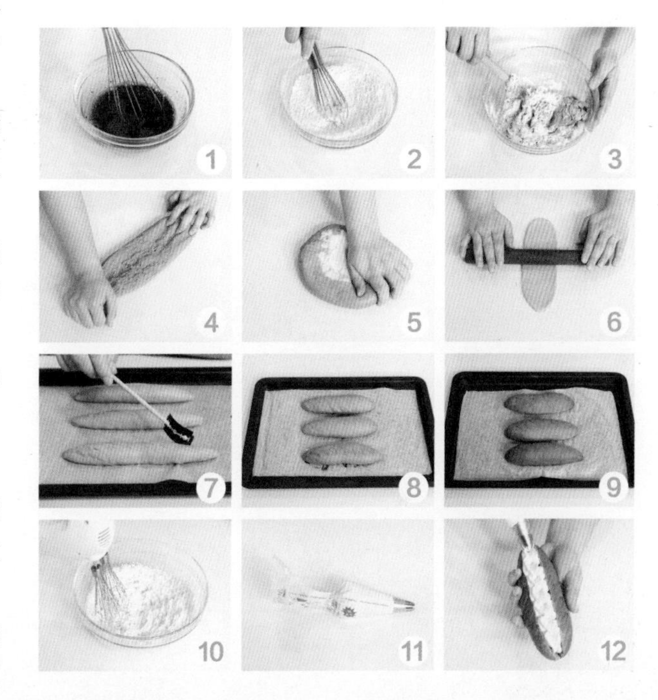

9 将烤盘放入已预热至180℃的烤箱中层，烘烤约15分钟，取出稍稍放凉。

10 将淡奶油、10克细砂糖倒入干净的玻璃碗中，用电动打蛋器搅打至不易滴落的状态，即成奶油糊。

11 将奶油糊装入套有圆齿裱花嘴的裱花袋里，用剪刀在裱花袋尖端处剪一个小口。

12 用齿刀将面包切开，但不切断，将奶油糊挤入面包里，再筛上防潮糖粉即可。

红巧心面包

烘焙：15分钟　难易度：★★☆

材料

高筋面粉A375克，全蛋52克，红心火龙果泥150克，细砂糖40克，酵母粉5克，盐4克，清水50毫升，无盐黄油20克，粉红色巧克力20克，高筋面粉B少许

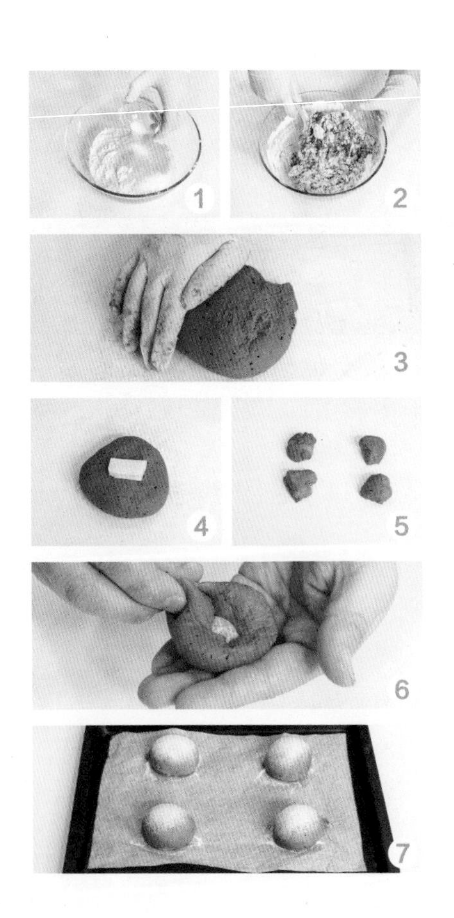

做法

1 将高筋面粉A、细砂糖、酵母粉、盐倒入大玻璃碗中，用手动打蛋器搅拌均匀。

2 将全蛋搅散，倒入碗中；将清水、火龙果泥倒入碗中，用橡皮刮刀翻拌成团。

3 取出面团放在干净的操作台上，将其反复揉扯拉长，再卷起、收口朝上，将面团稍稍按扁。

4 放上无盐黄油，收口、揉长，甩打几次，再次收口，将其揉成纯滑的面团。

5 用刮板将面团分成四等份，再收口、搓圆。

6 将面团稍稍擀扁，放上巧克力，再收口、搓圆，即成红巧心面包坯。

7 取烤盘，铺上油纸，放上面包坯，将烤盘放入已预热至30℃的烤箱中层，静置发酵约30分钟，取出后筛上一层高筋面粉B。将烤盘放入已预热至170℃的烤箱中层，烘烤约15分钟即可。

番茄佛卡夏面包

烘焙：15分钟　难易度：★☆☆

材料

高筋面粉300克，番茄汁185克，盐3克，酵母粉3克，橄榄油少许，罗勒叶少许

做法

1. 往装有番茄汁的碗中倒入酵母粉，用手动打蛋器搅拌均匀。
2. 将高筋面粉倒入大玻璃碗中，往大玻璃碗中倒入盐、番茄汁，用手动打蛋器搅拌至混合均匀成无干粉的面团。
3. 取出面团放在干净的操作台上，反复揉搓、甩打至面团起筋，再揉搓至光滑，制成番茄面团。
4. 将番茄面团分成二等份，面团擀成长条形。
5. 取烤盘，铺上油纸，放上面团。
6. 面团表面刷上一层橄榄油，用手指在面团上面戳上几个洞。
7. 将烤盘放入已预热至200℃的烤箱中层，烤约15分钟。
8. 取出烤好的面包，撒上罗勒叶即可。

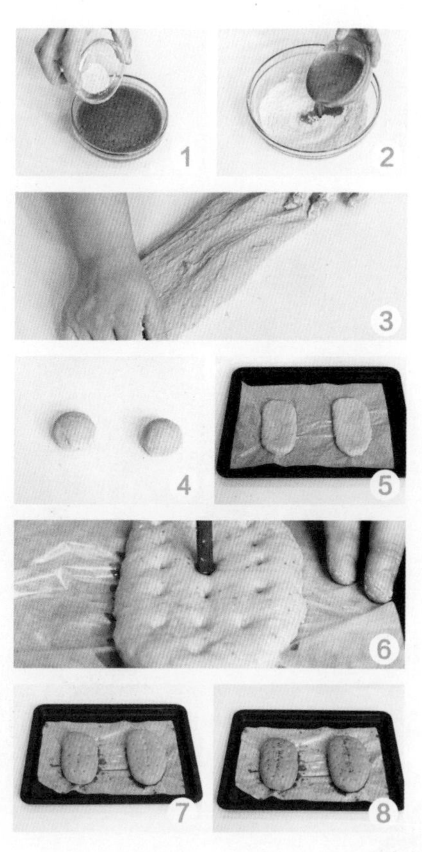

蜂蜜甜面包

烘焙：16分钟　难易度：★☆☆

材料

高筋面粉85克，奶粉4克，细砂糖25克，全蛋液14克，酵母粉2克，牛奶20毫升，清水15毫升，无盐黄油10克，盐1克，蜂蜜适量

做法

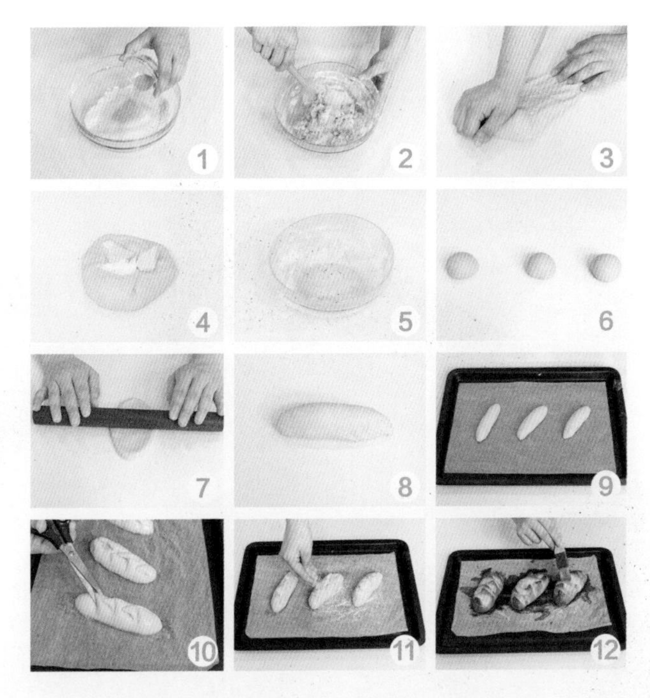

1 将高筋面粉、奶粉、细砂糖、酵母粉倒入大玻璃碗中，搅拌均匀。
2 倒入清水、牛奶、全蛋液，用橡皮刮刀翻拌均匀成无干粉的面团。
3 将面团放在干净的操作台上，揉搓至面团光滑、不沾手。
4 将面团按扁，放上无盐黄油、盐，收口后反复揉搓均匀，搓圆。
5 将面团放回至原大玻璃碗中，封上保鲜膜，静置发酵约30分钟。
6 撕掉保鲜膜，取出面团，用刮板分成三等份的小面团。
7 将小面团擀成长圆形。
8 将面皮一端固定，再从另一端卷起成圆筒状。
9 将面团放在铺有油纸的烤盘上，放入已预热至30℃的烤箱二次发酵约40分钟。
10 取出面团，刷上蛋黄液，用剪刀交叉剪上几刀。
11 放上无盐黄油丁，撒上一层细砂糖。
12 将烤盘放入已预热至160℃的烤箱中层，烤约16分钟，取出烤好的面包，刷上蜂蜜即可。

生菜小餐包

烘焙：15分钟　难易度：★☆☆

材料

高筋面粉250克，低筋面粉50克，细砂糖35克，酵母粉4克，全蛋（1个）53克，牛奶100毫升，生菜汁45毫升，无盐黄油25克，全蛋液适量

做法

1 将高筋面粉、低筋面粉、细砂糖、酵母粉倒入大玻璃碗中，搅拌均匀。

2 碗中再倒入牛奶、全蛋、生菜汁，用橡皮刮刀翻拌几下，再用手揉成团。

3 取出面团放在干净的操作台上，将其反复揉扯拉长，再搓圆。

4 将面团稍稍按扁，放上无盐黄油，将面团按扁、揉长，再翻压。

5 甩打几次，再次收口，将其揉成纯滑的面团，将面团放回至大玻璃碗中，封上保鲜膜，静置发酵约30分钟。

6 将发酵好的面团分成四等份，再收口、搓圆，取烤盘，铺上油纸，放上面团。

7 将烤盘放入已预热至30℃的烤箱中发酵30分钟，取出。

8 均匀地在面团上刷全蛋液，将烤盘放入已预热至180℃的烤箱中烤15分钟即可。

烘焙妙招

面团发酵时注意不要放在通风的地方，以免面皮发干。

芝麻小餐包

烘焙：15分钟　难易度：★☆☆

材料

高筋面粉90克，低筋面粉22克，细砂糖22克，奶粉5克，酵母粉3克，全蛋液15克，牛奶18毫升，无盐黄油15克，盐2克，清水15毫升，白芝麻适量

做法

1 将高筋面粉、低筋面粉、奶粉倒入大玻璃碗中，搅拌均匀，再倒入细砂糖，搅拌均匀。

2 将酵母粉、清水倒入碗中，搅拌均匀。

3 将酵母水、牛奶、全蛋液倒入大玻璃碗中，用橡皮刮刀翻拌成无干粉的面团。

4 取出面团放在操作台上，反复将其按扁、揉扯拉长，再滚圆；再将面团按扁，放上无盐黄油、盐，揉搓至混合均匀，反复甩打面团至起筋，再滚圆。

5 将面团放回至原大玻璃碗中，封上保鲜膜，静置发酵约40分钟。

6 撕开保鲜膜，取出面团，用刮板分成四等份的小面团，再搓圆。

7 将搓圆的小面团放在铺有油纸的烤盘上，再放入已预热至30℃的烤箱中层，发酵约30分钟。

8 取出发酵好的面团，刷上全蛋液，撒上白芝麻，再放入已预热至180℃的烤箱中层，烤约15分钟即可。

核桃小餐包

烘焙：15分钟　难易度：★☆☆

材料

高筋面粉100克，奶粉4克，细砂糖13克，酵母粉3克，全蛋液8克，牛奶8毫升，清水55毫升，无盐黄油15克，盐2克，核桃碎适量

做法

1. 将高筋面粉、奶粉、细砂糖倒入大玻璃碗中，用手动打蛋器搅拌均匀。
2. 将酵母粉倒入装有清水的碗中，用手动打蛋器搅拌至混合均匀。
3. 往装有高筋面粉的大玻璃碗中倒入全蛋液、牛奶、酵母水，翻拌均匀，制成无干粉的面团。
4. 取出面团放在操作台上，反复揉扯、滚圆，再将面团按扁，放上无盐黄油、盐，揉搓至混合均匀，反复甩打面团至起筋，再滚圆。
5. 将面团放回至原大玻璃碗中，封上保鲜膜，静置发酵约40分钟；撕掉保鲜膜，取出面团后分成四等份的小面团。
6. 将小面团收口、滚圆，放在铺有油纸的烤盘上，将烤盘放入已预热至30℃的烤箱中层，二次发酵约30分钟。
7. 取出发酵好的面团，刷上全蛋液，放上核桃碎。
8. 再将烤盘放回至已预热至180℃的烤箱中层，烤约15分钟。

鼓力面包

烘焙：20分钟　难易度：★★☆

材料

高筋面粉210克，蛋黄液18克，细砂糖25克，奶粉8克，酵母粉8克，盐5克，清水190毫升，无盐黄油20克，葡萄干20克，全蛋液少许，杏仁片少许

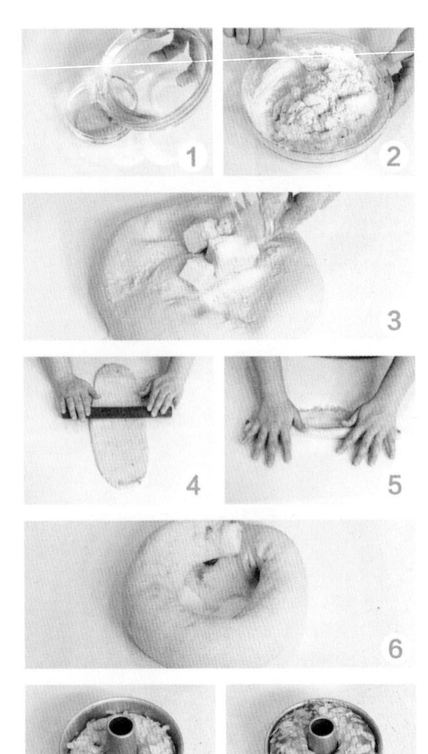

做法

1 将高筋面粉倒入干净的大玻璃碗中；往装有酵母粉的玻璃碗中倒入清水，拌匀成酵母液。

2 往大玻璃碗中倒入奶粉、细砂糖拌匀，倒入酵母液、蛋黄液，翻拌至呈块状。

3 将块状粉团倒在操作台上，揉搓成光滑面团，按扁，放上无盐黄油、盐，揉搓至表面光滑。

4 将面团稍稍按扁，放上葡萄干，翻压、收口，揉成光滑的面团，放回至大玻璃碗中，封上保鲜膜，发酵40分钟，取出面团后擀成长舌形。

5 从一边开始将面皮卷成卷，再轻轻滚搓几下成粗细均匀的条。

6 用手将一端按压固定在操作台上，从另一端卷成圈，捏匀，制成面包坯。

7 取模具，放入面包坯，再放入已预热至30℃的烤箱中发酵30分钟，取出后刷上少许全蛋液，均匀地撒上杏仁片。

8 将模具放入已预热至180℃的烤箱中层，烘烤约20分钟，取出脱模即可。

方辫面包

烘焙：18分钟　难易度：★☆☆

材料

高筋面粉300克，中筋面粉50克，粳米粉100克，全蛋（1个）53克，细砂糖25克，酵母粉5克，黑芝麻粉10克，盐2克，清水230毫升，无盐黄油40克，黑芝麻少许，全蛋液适量

做法

1 将高筋面粉、中筋面粉、粳米粉倒入干净的大玻璃碗中，搅拌均匀；往装有酵母粉的小玻璃碗中倒入适量清水，搅拌均匀，制成酵母液。

2 将细砂糖、黑芝麻粉倒入大玻璃碗中拌匀，倒入酵母液、全蛋、清水，搅拌至呈块状。

3 将块状粉团倒在操作台上，揉搓成光滑面团。

4 将面团按扁，放上无盐黄油、盐，收口、揉匀，再揉搓至表面光滑；将面团放回至原大玻璃碗中，封上保鲜膜静置发酵约40分钟。

5 取出发酵好的面团，分成六等份，再搓圆，擀成长舌形的面皮，按压面皮长的一边使其固定，从另一边开始卷成卷，再轻轻搓成细条。

6 每三条面团一组，交叠在一起。

7 将面团编成辫子状，即成龙辫面包坯，取模具，放入面包坯。

8 将模具放入已预热至30℃的烤箱中发酵30分钟，取出之后刷上全蛋液，撒上黑芝麻。将烤盘放入已预热至180℃的烤箱中层，烘烤约18分钟即可。

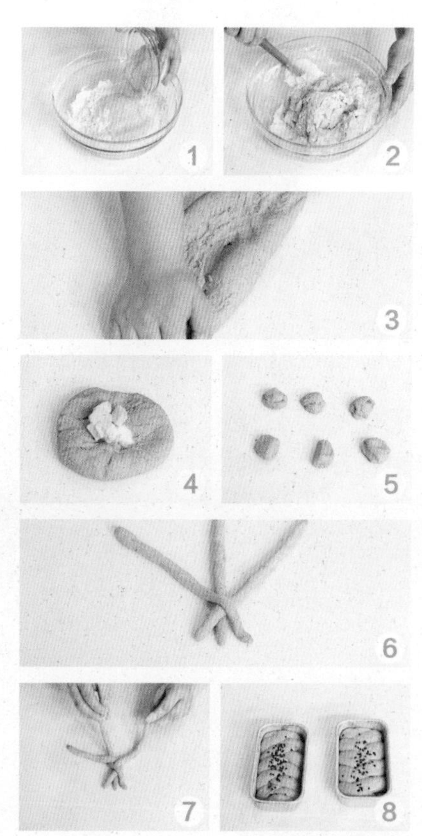

菠萝面包

烘焙：25分钟　难易度：★★☆

材料

面团：高筋面粉170克，低筋面粉50克，细砂糖30克，奶粉12克，盐3克，全蛋35克，无盐黄油30克，酵母粉3克，清水75克；**菠萝皮**：低筋面粉70克，细砂糖40克，全蛋液25克，无盐黄油30克

做法

1 将高筋面粉、低筋面粉、酵母粉、细砂糖、奶粉、盐倒入大玻璃碗中，搅拌均匀，倒入全蛋和清水，用橡皮刮刀翻拌成无干粉的面团。

2 取出面团，放在操作台上揉搓成光滑的面团，按扁后放上无盐黄油。

3 将面团反复揉搓，不断甩打面团至起筋，再搓圆，放回大玻璃碗中，用保鲜膜包住玻璃碗口静置发酵30分钟。

4 将低筋面粉、细砂糖、全蛋液倒入另一个大玻璃碗中，翻拌均匀，再倒入无盐黄油，继续翻拌成无干粉的面团，制成菠萝皮面团，用保鲜膜包住放入冰箱冷藏，待用。

5 将发酵好的面团分切成40克一个的小面团，在手掌上滚圆，制成面包坯，放入烤盘中。

6 取出菠萝皮面团，切分成20克一个的小面团。

7 将面团放在撒有少许低筋面粉的操作台上，再用擀面杖将其擀薄，制成菠萝皮坯。

8 用菠萝皮坯包住喷有少量清水的面包坯，刮板在菠萝皮上横竖压出数道压痕，制成菠萝面包坯。

9 将菠萝面包坯放入已预热至30℃的烤箱中层，发酵约30分钟，取出发酵好的菠萝面包坯，用刷子将全蛋液刷在其表面上。

10 将烤盘放入已预热至180℃的烤箱中层，烘烤约25分钟即可。

花辫面包

烘焙：15分钟 难易度：★★☆

材料

低筋面粉110克，高筋面粉25克，细砂糖25克，无盐黄油15克，牛奶50毫升，酵母粉2克，全蛋液35克，蔓越莓干50克，盐1克，蛋黄液适量

做法

1 将高筋面粉、低筋面粉、细砂糖倒入大玻璃碗中，用手动打蛋器搅拌均匀。

2 将牛奶、酵母粉倒入小玻璃碗中，搅拌均匀。

3 将拌匀的酵母牛奶、全蛋液倒入大玻璃碗中，翻拌均匀成无干粉的面团。

4 取出面团放在操作台上，反复将其按扁、揉扯拉长，再滚圆。

5 再将面团按扁，放上无盐黄油、盐，揉搓至混合均匀。

6 反复甩打面团至起筋，再滚圆，按扁，放上蔓越莓干，再次滚圆。

7 将面团放回至原大玻璃碗中，封上保鲜膜，静置发酵约30分钟。

8 撕掉保鲜膜，切成数个重约16克一个的小面团，滚圆，再揉搓成长条。

9 用三条面团编成辫子，按照相同方法做完剩余的辫子，制成辫子面包坯。

10 将面包坯放在铺有油纸的烤盘上，放入已预热至30℃的烤箱中层，发酵约40分钟。

11 取出发酵好的面团，刷上一层蛋黄液。

12 放入已预热至180℃的烤箱中层，烤约15分钟即可。

可颂面包

烘焙：15分钟　难易度：★★★

材料

高筋面粉250克，细砂糖30克，奶粉8克，无盐黄油25克，折叠用无盐黄油（冷藏）125克，盐5克，全蛋液20毫升，酵母粉3毫升，清水130毫升

做法

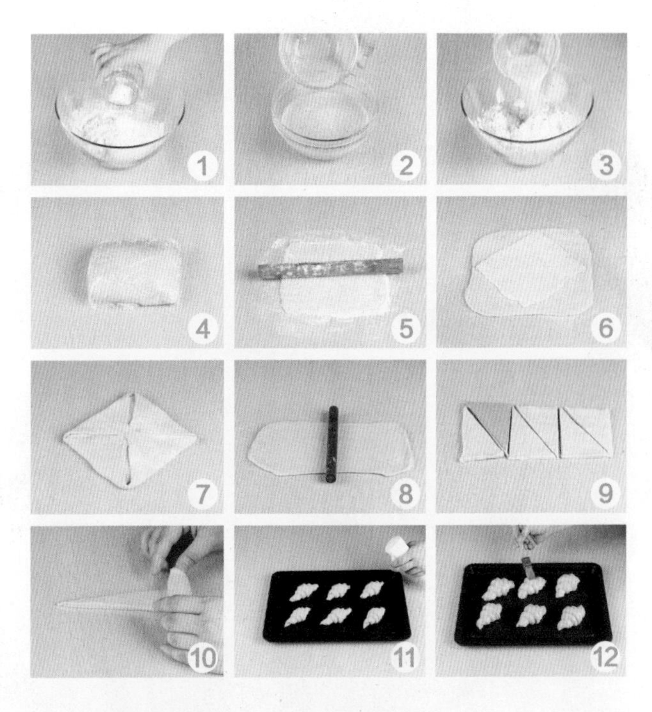

1 将高筋面粉、细砂糖、奶粉、盐、25克无盐黄油倒入大玻璃碗中，翻拌均匀。

2 将酵母粉倒入装清水的小玻璃碗中，倒入15克全蛋液拌匀。

3 把小玻璃碗中的材料倒入大碗中，拌成无干粉的面团。

4 取出面团放在操作台上，揉匀，包好保鲜膜放入冰箱冷藏约4个小时。

5 往操作台上撒上高筋面粉，放上无盐黄油，再撒上高筋面粉，将无盐黄油擀成边长为20厘米的正方形块。

6 取出面团，擀成边长为25厘米的四方形面皮，将无盐黄油以45° 角放在面皮中间。

7 再将面皮的四角拉到无盐黄油的中间，压紧封口。

8 撒上高筋面粉，擀成长60厘米、宽25厘米的长方形，折成三段，制成黄油面团，用保鲜膜包住，入冰箱冷藏15分钟。取出后照相同的方法完成第二次和第三次折叠。

9 取出面团，用擀面杖将面团切出三角形状的黄油面皮。

10 双手各拿着三角顶点部分的黄油面皮，由上往下卷到一半，再改用双手滚动面皮两端卷到底，制成面包坯。

11 将面包坯放在烤盘上，再往其表面喷少许清水，将面包坯放入已预热至32℃的烤箱，发酵约60分钟。

12 取出面包坯，将剩余全蛋液刷在面包坯表面，再放入已预热至230℃的烤箱中层，烤约15分钟至上色即可。

咖喱斯特龙博利面包

烘焙：20分钟　难易度：★★★

材料

馅料：咖喱35克，青椒丁15克，胡萝卜丁15克，洋葱丁15克，盐1克，芥花籽油少许；**面团：**高筋面粉150克，豆浆60毫升，蜂蜜15克，酵母粉2克，芥花籽油15毫升，盐2克

做法

1 平底锅中倒入少许芥花籽油烧热，放入青椒丁、胡萝卜丁、洋葱丁翻炒出香味。

2 倒入1克盐、咖喱，翻炒均匀至食材熟软，即成馅料，盛出馅料装碗，待用。

3 将酵母粉倒入装有豆浆的碗中，搅拌均匀。

4 将高筋面粉、2克盐倒入大玻璃碗中；再倒入拌匀的酵母水、芥花籽油、蜂蜜。

5 用软刮将碗中材料搅拌成无干粉的面团；取出面团放在操作台上，继续揉搓面团至光滑。

6 将面团放回大玻璃碗中，盖上保鲜膜静置发酵30分钟。

7 撕开保鲜膜，取出面团放在操作台上，用手压扁，擀成厚薄一致的面皮。

8 放上炒好的材料，用软刮抹平，卷起面皮成圆柱状。

9 将圆柱状的面团放在铺有油纸的烤盘上，用刀在面团上斜切几刀，放入烤箱，静置发酵约40分钟，取出。

10 将烤箱预热至180℃，再将烤盘放入烤箱中层，烤约20分钟即可。

玫瑰南瓜面包

烘焙：20分钟　难易度：★★☆

材料

高筋面粉220克，熟南瓜泥125克，奶粉25克，细砂糖40克，盐2克，酵母粉4克，无盐黄油18克，全蛋液少许，牛奶少许，白芝麻适量

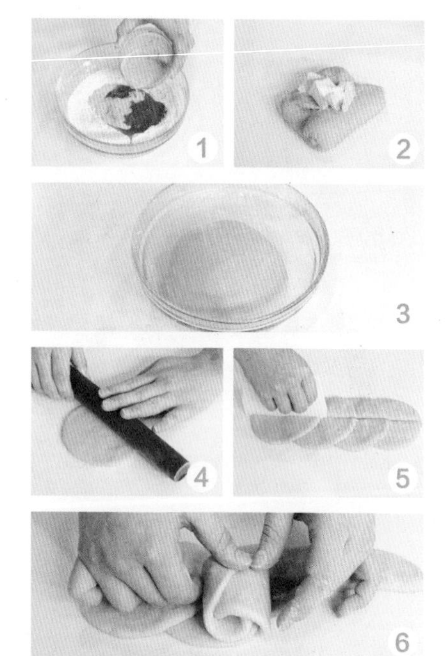

做法

1 将酵母粉倒入装有牛奶的小碗中，拌匀成酵母液；将高筋面粉、奶粉、细砂糖、熟南瓜泥、酵母液倒入大碗中，翻拌几下，揉成面团。

2 取出面团，放在干净的操作台上，反复揉扯，放上无盐黄油、盐，揉匀成纯滑的面团。

3 将面团放回至大玻璃碗中，封上保鲜膜，静置发酵约30分钟。

4 将发酵完毕的面团用刮板分成四等份，再收口、搓圆，将面团擀成圆形的薄面皮。

5 将四张圆形面皮斜着叠在一起，每一块面皮盖住前面面皮的一半，用刮板沿着中线处一分为二切开成两半。

6 将两边的面皮卷起来，即成玫瑰南瓜坯；烤盘铺上油纸，放上玫瑰南瓜坯，将烤盘放入已预热至30℃的烤箱，静置发酵约30分钟后取出。

7 用刷子刷上一层全蛋液，撒上白芝麻，将烤盘放入已预热至180℃的烤箱中烤20分钟。

8 取出烤好的面包，刷上少许牛奶即可。

南瓜花面包

烘焙：15分钟　难易度：★★☆

材料

高筋面粉220克，熟南瓜泥125克，奶粉25克，细砂糖40克，盐2克，酵母粉4克，无盐黄油18克，全蛋液少许，牛奶适量

做法

1 将酵母粉倒入装有牛奶的小碗中，用手动打蛋器搅拌均匀成酵母液；将高筋面粉、奶粉、细砂糖、熟南瓜泥、酵母液倒入大碗中，用橡皮刮刀翻拌几下，用手揉成面团。

2 取出面团放在干净的操作台上，将其反复揉扯，收口朝上，将面团稍稍按扁放上无盐黄油、盐，揉匀成纯滑的面团。

3 将面团放回至大玻璃碗中，封上保鲜膜，静置发酵约30分钟。

4 用刮板将面团分成四等份，再收口、搓圆，将面团擀成长舌形的面皮。

5 从面皮一边开始卷起来。

6 轻搓成条，将条形面团打个结，再将多出的两端缠绕在结上，即成南瓜花面包坯。

7 取烤盘，铺上油纸，放上面包坯，将烤盘放入已预热至30℃的烤箱中发酵30分钟，取出。用刷子均匀地刷上一层全蛋液，烤盘放入已预热至180℃的烤箱中层，烘烤约15分钟即可。

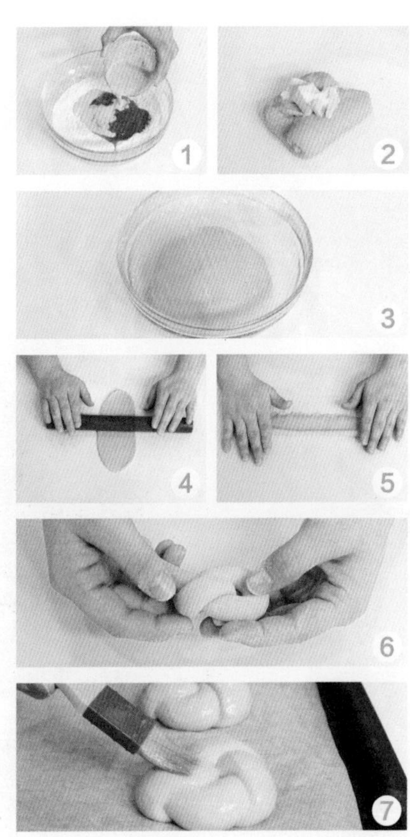

南瓜面包

烘焙：22分钟　难易度：★★☆

材料

高筋面粉400克，南瓜泥200克，酵母粉8克，细砂糖50克，盐5克，葡萄籽油30毫升，无盐黄油45克，清水50毫升，蛋白适量，南瓜子适量

做法

1 将高筋面粉、酵母粉、细砂糖、盐倒入大玻璃碗中，用手动打蛋器搅匀。

2 倒入葡萄籽油、南瓜泥、清水，翻拌几下，再用手揉成无干粉的面团。

3 取出面团，放在干净的操作台上，反复揉扯、卷起，再搓圆。

4 将面团按扁，放上无盐黄油，收口、折叠，再揉扯、揉匀至面团光滑。

5 将面团滚圆，放回至大玻璃碗中，封上保鲜膜，再放入已预热至30℃的烤箱中层，静置发酵30～40分钟，取出即可，即成南瓜面团。

6 撕开保鲜膜，取出面团，将面团搓成圆柱形状。

7 将面团用刮板分成三等份，收口、搓圆。

8 用刷子刷上一层蛋白，再沾裹上一层南瓜子，制成南瓜面包坯。

9 取烤盘，铺上油纸，放上南瓜面包坯，再放入已预热至30℃的烤箱中层，静置发酵约30分钟。

10 将烤盘放入已预热至180℃的烤箱中层，烘烤约22分钟即可。

Je suis
contente

巧克力可颂面包

烘焙：15分钟　难易度：★★★

材料

高筋面粉250克，巧克力豆48克，细砂糖30克，奶粉8克，无盐黄油25克，折叠用无盐黄油（冷藏）125克，盐5克，全蛋液20克，酵母粉3克，清水130毫升

做法

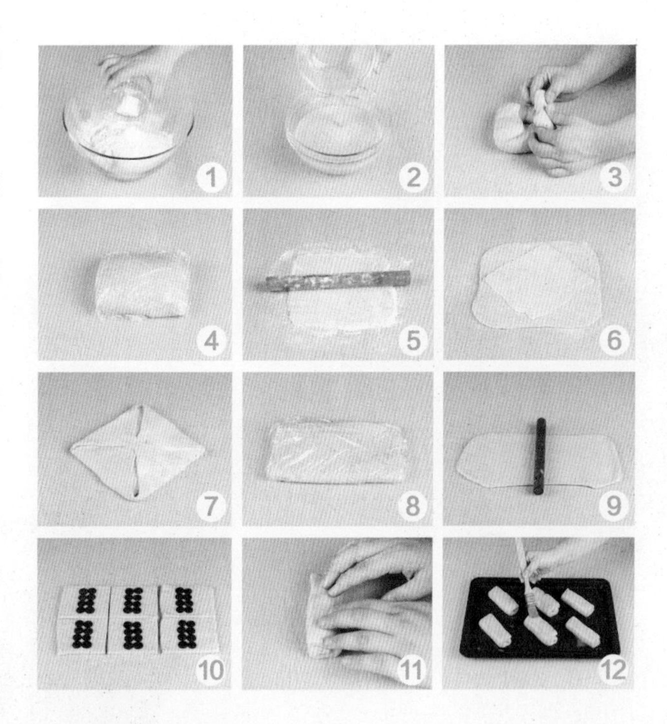

1 将高筋面粉、细砂糖、奶粉、盐、25克无盐黄油倒入大玻璃碗中，翻拌均匀。

2 将酵母粉倒入装清水的小玻璃碗中，倒入15克全蛋液拌匀。

3 把小玻璃碗中的材料倒入大碗中，拌成无干粉的面团，取出面团放在操作台上揉匀。

4 将面团用保鲜膜包裹好，放入冰箱冷藏约4个小时。

5 往操作台上撒上高筋面粉，放上无盐黄油，再撒上高筋面粉，将无盐黄油擀成边长为20厘米的正方形块。

6 取出面团，擀成边长为25厘米的四方形面皮，将无盐黄油以45°角放在面皮中间。

7 再将面皮的四角拉到无盐黄油的中间，压紧封口。

8 撒上高筋面粉，擀成长60厘米、宽25厘米的长方形，折成三段，制成黄油面团，用保鲜膜包住，入冰箱冷藏15分钟。取出后照相同的方法完成第二次和第三次折叠。

9 取出冷藏好的面团，擀成长50厘米、宽23厘米的面皮，用刀将其分切成长9厘米、宽7厘米的小面皮。

10 每个面皮中间竖放两排巧克力豆。

11 再将面皮卷起，制成巧克力可颂面包坯，放在烤盘上，移入已预热至32℃的烤箱，发酵约60分钟，取出。

12 用刷子将剩余全蛋液刷在面包坯表面，放入已预热至230℃的烤箱中烤15分钟即可。

乳酪面包

烘焙：23分钟　难易度：★★☆

材料

面包：高筋面粉200克，低筋面粉50克，细砂糖35克，牛奶145毫升，蛋黄液34克，盐3克，酵母粉3克，无盐黄油30克；**乳酪内馅材料**：奶油奶酪180克，糖粉18克，牛奶20毫升；**外层装饰材料**：防潮糖粉7克

做法

1 将高筋面粉、低筋面粉、细砂糖、盐、酵母粉倒入大玻璃碗中，用手动打蛋器搅拌均匀。

2 倒入蛋黄液和牛奶，用橡皮刮刀翻拌均匀成面团。

3 取出面团放在操作台上，揉搓一会儿，将面团往前揉扯、拉长，再收起来。

4 继续揉搓面团至起筋，包入无盐黄油，揉搓均匀；反复将面团往前甩打在操作台上，再次揉搓面团直至光滑。

5 取面包模具，往活底上涂抹上少许无盐黄油，再放上面团，喷上少许水。

6 放入已预热至30℃的烤箱发酵约至两倍大，将发酵好的面团放入已预热至175℃的烤箱中层，烤约23分钟。

7 将奶油奶酪倒入大玻璃碗中，用电动打蛋器搅打均匀，再倒入牛奶，搅打均匀，倒入糖粉，搅打至呈浓稠状，制成乳酪内馅，放入冰箱冷藏约30分钟。

8 取出烤好的面包，放凉至室温后脱模。

9 将烘焙好的面包切成四等份。

10 用抹刀将乳酪内馅均匀涂抹在面包的切面上，最后筛上一层防潮糖粉即可。

霜糖奶油面包

烘焙：13分钟　难易度：★☆☆

材料

A：高筋面粉250克，细砂糖12克，盐4克，无盐黄油适量；B：牛奶100毫升，清水70毫升，酵母粉3克，无盐黄油3块，细砂糖适量

做法

1. 将A材料中的高筋面粉、细砂糖、盐倒入大玻璃碗中，用手动打蛋器搅拌均匀。
2. 将B材料中的清水、牛奶、酵母粉倒入另一个玻璃碗中，用手动打蛋器搅拌均匀。
3. 将步骤2倒入步骤1中，用橡皮刮刀从碗底往上翻拌均匀成无干粉的面团。
4. 反复揉搓面团成光滑的面团。
5. 放入无盐黄油，揉搓均匀。
6. 玻璃碗口包上保鲜膜，发酵30分钟。
7. 操作台上撒上少许面粉，取出面团，分成三等份，分别由内朝外捏几下，再搓圆，用剪刀在面团表面的正中央剪一刀。
8. 将无盐黄油放在切口处，撒上细砂糖，取烤盘，铺上油纸，放上面包坯；将烤盘放入已预热至180℃的烤箱中层，烤约13分钟即可。

烘焙妙招

揉搓面团时，如果面团粘手，可以撒上适量面粉。

西蓝花玉米面包

烘焙：15分钟　难易度：★☆☆

材料

高筋面粉A250克，低筋面粉50克，细砂糖35克，酵母粉4克，全蛋（1个）53克，牛奶100毫升，西蓝花汁45毫升，无盐黄油25克，罐头玉米粒20克，高筋面粉B少许

做法

1 将高筋面粉A、低筋面粉、细砂糖、酵母粉倒入大玻璃碗中，搅拌均匀。

2 碗中再倒入牛奶、全蛋、西蓝花汁，用橡皮刮刀翻拌几下，再用手揉成团。

3 取出面团放在干净的操作台上，将其反复揉扯拉长，再搓圆。

4 将面团稍稍按扁，放上无盐黄油，将面团按扁、揉长，再翻压。

5 甩打几次，再次收口，将其揉成纯滑的面团，将面团放回至大玻璃碗中，封上保鲜膜，静置发酵约30分钟。

6 用刮板将发酵好的面团分成四等份，再收口、搓圆。

7 将面团擀成圆形的面皮，放上玉米粒，收口捏紧，轻轻搓圆。

8 取烤盘，铺上油纸，放上面团，将烤盘放入已预热至30℃的烤箱中层，静置发酵约30分钟，取出。

9 均匀地筛上一层高筋面粉B，用刀片在每个面团上划上两道口子。

10 将烤盘放入已预热至180℃的烤箱中层，烘烤约15分钟即可。

香葱面包

烘焙：20分钟　难易度：★☆☆

材料

高筋面粉275克，全蛋（1个）53克，细砂糖18克，盐2克，酵母粉3克，清水120毫升，无盐黄油17克，葱花10克，猪油适量

做法

1 将高筋面粉、细砂糖、盐倒入大玻璃碗中，用手动打蛋器搅匀。

2 将酵母粉倒入装有清水的小玻璃碗中，用手动打蛋器搅拌均匀，即成酵母液，将酵母液、全蛋液倒入大玻璃碗中，用橡皮刮刀翻拌几下，再用手揉成团。

3 取出面团，放在干净的操作台上反复揉扯，将面团稍稍按扁放上无盐黄油，按扁、揉长，再翻压。

4 甩打几次，再次收口，将其揉成纯滑的面团，将面团放回至大玻璃碗中，封上保鲜膜，静置发酵约30分钟。

5 取出面团用刮板将面团分成四等份，再收口、滚圆，即成面包坯。

6 取烤盘，铺上油纸，放上面包坯，放入已预热至30℃的烤箱中层，静置发酵约20分钟，取出。

7 将葱花、猪油装入碗中，用勺子搅拌均匀，制成表面材料，将表面材料均匀涂抹在发酵好的面团上。

8 将烤盘放入已预热至180℃的烤箱中烤20分钟即可。

香葱黄油面包

烘焙：15分钟　难易度：★★☆

材料

高筋面粉275克，全蛋液A53克，细砂糖18克，盐2克，酵母粉3克，清水120毫升，无盐黄油17克，溶化的无盐黄油45克，葱花适量，全蛋液B适量

做法

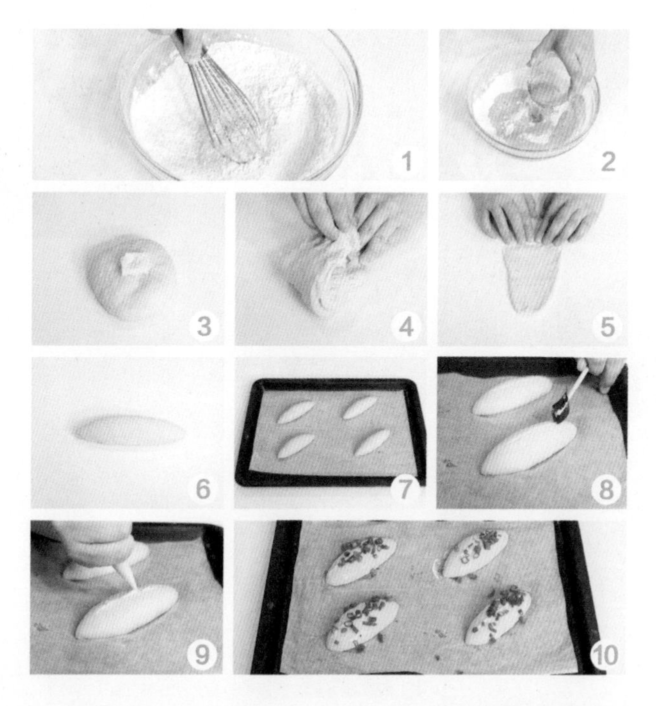

1 将高筋面粉、细砂糖、盐倒入大玻璃碗中，用手动打蛋器搅匀。

2 将酵母粉倒入装有清水的小玻璃碗中，用手动打蛋器搅拌均匀，即成酵母液，将酵母液、全蛋液A倒入大玻璃碗中，用橡皮刮刀翻拌几下，再用手揉成团。

3 取出面团，放在干净的操作台上反复揉扯，将面团稍稍按扁放上无盐黄油，按扁、揉长，再翻压。

4 甩打几次，再次收口，将其揉成纯滑的面团，将面团放回至大玻璃碗中，封上保鲜膜，静置发酵约30分钟。

5 用刮板将面团分成四等份，收口、搓圆，再将面团擀成长舌形的面皮。

6 从面皮的一边开始将面皮卷成纺锤形的面团，取烤盘，铺上油纸，放上面团。

7 将烤盘放入已预热至30℃的烤箱中层，静置发酵约30分钟，取出。

8 用刀片沿着面团中线处划上一道口子。

9 将溶化的无盐黄油装入裱花袋中，再挤入面团口子的切口里。

10 用刷子均匀地刷上一层全蛋液B，再撒上葱花，将烤盘放入已预热至180℃的烤箱中层，烘烤约15分钟即可。

香葱干卷

烘焙：15分钟　难易度：★☆☆

材料

高筋面粉A275克，全蛋（1个）53克，细砂糖18克，盐2克，酵母粉3克，清水120毫升，无盐黄油17克，干香葱花适量，高筋面粉B少许

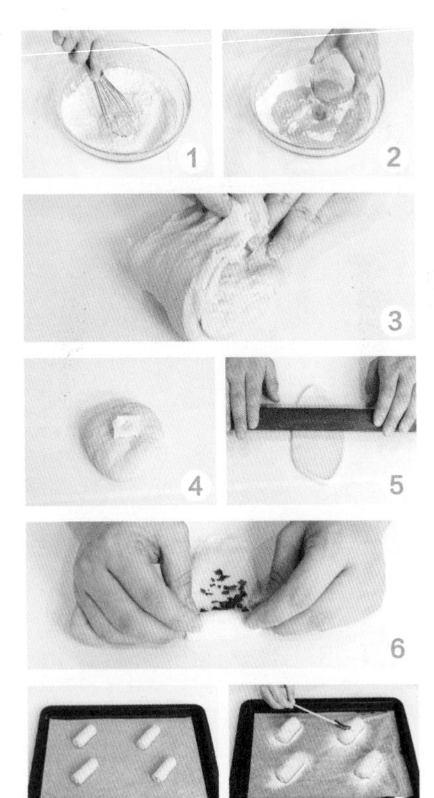

做法

1 将高筋面粉A、细砂糖、盐倒入大玻璃碗中，用手动打蛋器搅匀。

2 将酵母粉倒入装有清水的小玻璃碗中，搅拌均匀，制成酵母液，将酵母液、全蛋液倒入大玻璃碗中，翻拌几下，再用手揉成团。

3 取出面团，放在操作台上反复揉扯。

4 将面团稍稍按扁放上无盐黄油，按扁、揉长，再翻压将其揉成纯滑的面团，放回至大玻璃碗中，封上保鲜膜，静置发酵约30分钟。

5 用刮板将面团分成四等份，收口、搓圆，再将面团擀成长舌形的面皮。

6 均匀地放上干香葱花，从面皮的另一边开始卷成卷，即成香葱干卷坯。

7 烤盘中铺上油纸，放上香葱干卷坯，将烤盘放入已预热至30℃的烤箱中发酵30分钟，取出。

8 均匀地筛上高筋面粉B，再用刀片在每个面团上斜着划上两道口子，将烤盘放入已预热至180℃的烤箱中烤15分钟即可。

起司贝果

烘焙：15分钟　难易度：★☆☆

材料

A：低筋面粉150克，全麦粉100克，细砂糖12克，盐4克；B：清水70毫升，牛奶100毫升，酵母粉3克，芝士碎20克

做法

1 将低筋面粉、全麦粉、细砂糖、酵母粉、盐放入大玻璃碗中，用手动打蛋器搅拌均匀。

2 碗中再倒入清水、牛奶，用橡皮刮刀翻拌均匀成无干粉的面团。

3 取出面团放在操作台上，反复揉搓、甩打至起筋，再搓圆，取保鲜盒，放入面团，盖上盖。

4 将全麦面团分成四等份，用擀面杖将面团擀成长方形面皮，卷成长条状。

5 将一边固定，再卷成长条状，将一端固定，提起另一端，使两端无缝连接，再整形，形成一个完整的圈，制成贝果坯。

6 取烤盘，铺上油纸，放上贝果坯，将烤盘放入已预热至30℃的烤箱中层，使其静置发酵约30分钟。

7 取出发酵好的贝果坯，放上芝士碎，将烤盘放入已预热至180℃的烤箱中烤约15分钟即可。

椰丝奶油包

烘焙：15分钟　难易度：★★☆

材料

高筋面粉90克，低筋面粉10克，奶粉4克，细砂糖40克，酵母粉3克，清水14毫升，牛奶20毫升，全蛋液14克，无盐黄油20克，盐2克，糖浆、椰丝各适量

做法

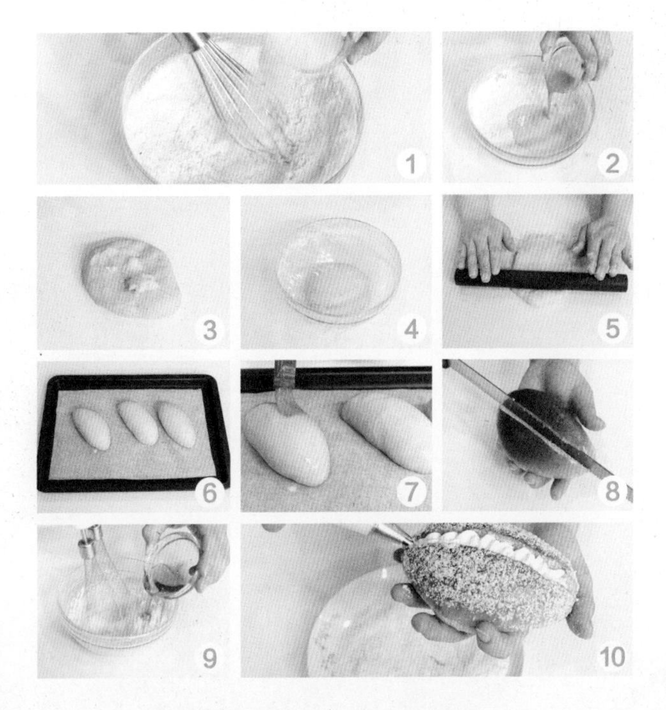

1 将高筋面粉、低筋面粉、奶粉倒入大玻璃碗中，搅拌均匀，再倒入细砂糖拌匀。

2 将酵母粉、清水倒入碗中，用手动打蛋器快速搅拌均匀；将酵母水、牛奶、全蛋液倒入大玻璃碗中，用橡皮刮刀翻拌成无干粉的面团。

3 取出面团，放在操作台上反复揉扯、滚圆，面团按扁，放上无盐黄油、盐，揉搓至混合均匀，反复甩打面团至起筋，再滚圆。

4 将面团放回至原大玻璃碗中，封上保鲜膜，静置发酵约40分钟。

5 撕掉保鲜膜，将面团分成三等份的小面团，将小面团用擀面杖擀平，往回收口卷起，制成纺锤形的面团。

6 取烤盘，铺上油纸，放上面团，再放入已预热至30℃的烤箱中层，发酵约30分钟。

7 取出发酵好的面团，刷上全蛋液，再放入已预热至180℃的烤箱中层。

8 烤约15分钟；取出烤好的面包，用齿刀竖着开一道口，底部相连不切断。

9 往装有无盐黄油的碗中倒入糖浆，用电动打蛋器搅打均匀至呈乳白色，制成奶油馅，用橡皮刮刀将奶油馅装入套有圆形裱花嘴的裱花袋里。

10 在面包表面挤上少许奶油馅，用刷子刷匀，再均匀裹上一层椰丝，最后将奶油馅从开口处挤入面包里即可。

紫苏糖包

烘焙：17分钟　难易度：★☆☆

材料

高筋面粉340克，酵母粉10克，米汤种100克，细砂糖50克，奶粉30克，紫苏叶汁50毫升，无盐黄油40克，盐5克，红糖10克，全蛋液适量，杏仁片少许

做法

1 将酵母粉倒入装有米汤种的大玻璃碗中，搅拌均匀。

2 倒入细砂糖、奶粉拌匀。

3 倒入紫苏叶汁，搅拌均匀。

4 倒入高筋面粉，用橡皮刮刀搅拌至无干粉的面团，取出反复揉扯、甩打，再滚圆成光滑的面团。

5 将面团按扁，放上无盐黄油、盐，收口、甩打面团，再揉搓至光滑。

6 将面团放回至大玻璃碗中，封上保鲜膜，静置发酵约40分钟，即成紫苏面团。

7 取出紫苏面团，分成四等份，再搓圆，将面团擀成长舌形的面皮，按压短的一边使其固定。

8 放上红糖，从面皮另一边开始卷成卷，取烤盘，铺上油纸，放上面团。

9 将模具放入已预热至30℃的烤箱中层，静置发酵约30分钟，取出。

10 用刷子将适量全蛋液均匀地刷在面包坯上，再撒上杏仁片，将烤盘放入已预热至180℃的烤箱中层，烘烤约17分钟即可。

红豆面包

烘焙：15分钟　难易度：★★☆

材料

高筋面粉230克，低筋面粉25克，胡萝卜汁40克，全蛋（1个）53克，牛奶70毫升，细砂糖18克，酵母粉4克，盐2克，无盐黄油20克，红豆馅12克，全蛋液适量

做法

1 将高筋面粉、低筋面粉、酵母粉、细砂糖、盐倒入大玻璃碗中，搅拌均匀。

2 倒入牛奶、胡萝卜汁、全蛋，用橡皮刮刀翻拌几下，再用手揉成团。

3 取出面团放在干净的操作台上，将其反复揉扯拉长，再搓圆。

4 将面团稍稍按扁，放上无盐黄油，将面团按扁、揉长，再翻压、甩打几次，再次收口，将其揉成纯滑的面团。

5 将面团放回至大玻璃碗中，封上保鲜膜，静置发酵约30分钟。

6 用刮板将面团分成四等份，再收口、搓圆，将面团稍稍擀扁，放上红豆馅，收口、搓圆。

7 将面团擀成长舌形，用刀在面团中间划上几道口子。

8 将面团斜着卷成卷，再使其首尾粘连在一起，即成红豆面包坯，取烤盘，铺上油纸，放上面包坯。

9 将烤盘放入已预热至30℃的烤箱中层，静置发酵约30分钟，取出。

10 在面团表面均匀地刷上一层全蛋液，将烤盘放入已预热至180℃的烤箱中层，烘烤约15分钟即可。

日式红豆麻薯面包

烘焙：15分钟　难易度：★★☆

材料

面团：高筋面粉115克，低筋面粉35克，全蛋液15克，汤种面团50克，抹茶粉10克，牛奶50毫升，奶粉15克，酵母粉3克，细砂糖20克，盐2克，无盐黄油15克，清水20毫升；**内馅：**红豆泥40克，麻薯40克；**表面材料：**白芝麻适量，牛奶少许

做法

1 将高筋面粉、抹茶粉、奶粉、低筋面粉、细砂糖、盐倒入大玻璃碗中，用手动打蛋器搅拌均匀。

2 将牛奶、酵母粉装入小玻璃碗中，用手动打蛋器搅拌均匀，制成酵母液。将酵母液、全蛋液、清水倒入大玻璃碗中.

3 用橡皮刮刀翻压几下，再用手揉成团。

4 放入汤种，揉至混合均匀，取出面团放在干净的操作台上，将其反复揉扯拉长，再卷起。

5 反复几次将卷起的面团稍稍搓圆按扁，放上无盐黄油，收口、揉匀，再将其揉成纯滑的面团。

6 将面团放回至大玻璃碗中，封上保鲜膜，静置发酵约30分钟。

7 撕开保鲜膜，取出面团，用刮板分成四等份，再收口、搓圆。

8 将面团按扁，放上红豆泥、麻薯，再收口、滚圆，制成面包坯。

9 取烤盘，铺上油纸，放上面包坯，放入已预热至30℃的烤箱中层，静置发酵约30分钟，取出。

10 用刷子刷上牛奶，撒上白芝麻，将烤盘放入已预热至165℃的烤箱中层，烘烤约15分钟即可。

香蕉巴那

烘焙：18分钟 难易度：★☆☆

材料

高筋面粉125克，低筋面粉25克，香蕉泥105克，牛奶50毫升，细砂糖10克，酵母粉2.5克，盐1克，无盐黄油10克，香蕉（切条）20克，全蛋液适量

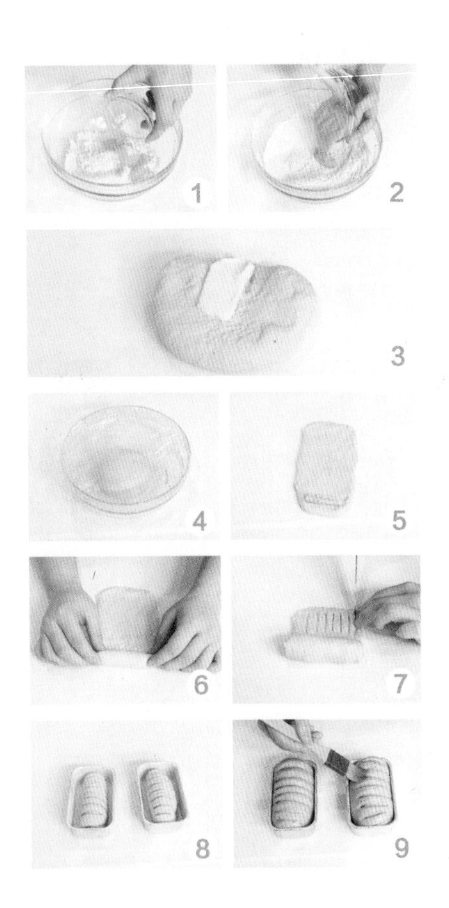

做法

1 将高筋面粉、低筋面粉、细砂糖、酵母粉、盐倒入大玻璃碗中，用手动打蛋器搅拌均匀。

2 倒入香蕉泥、牛奶，翻拌几下，用手揉成团。

3 取出面团放在干净的操作台上，将其反复揉扯拉长，放上无盐黄油，收口、揉匀。

4 将其揉成纯滑的面团，将面团放回至大玻璃碗中，封上保鲜膜，静置发酵约30分钟。

5 用刮板将面团分成二等份，再收口、搓圆，将面团擀成长方形的面皮。

6 放上香蕉条，卷起来，再放上香蕉条，将面皮卷至三分之二处。

7 用刀在剩余部分上切上几道口子，再继续将面皮卷完，即成香蕉巴那坯。

8 取模具，铺上油纸，放上香蕉巴那坯，将模具放入已预热至30℃的烤箱中层，静置发酵约30分钟，取出。

9 用刷子均匀地刷上一层全蛋液，将模具放入已预热至180℃的烤箱中烤约18分钟即可。

菠菜吐司

烘焙：25分钟　难易度：★☆☆

材料

菠菜面团：高筋面粉250克，菠菜汁85毫升，奶粉5克，盐3克，细砂糖15克，酵母粉4克，无盐黄油20克；**原味面团：**高筋面粉166克，奶粉5克，盐3克，细砂糖10克，酵母粉4克，无盐黄油20克，清水120毫升

做法

1 将高筋面粉、奶粉、盐、细砂糖、酵母粉倒入大玻璃碗中拌匀，倒入菠菜汁翻拌至无干粉。

2 取出面团放在操作台上，反复揉扯，滚圆成光滑的面团，放上无盐黄油，揉搓成光滑的面团，制成菠菜面团，放回至大玻璃碗中。

3 将大玻璃碗口封上保鲜膜，发酵约40分钟。

4 将高筋面粉、奶粉、盐、细砂糖、酵母粉倒入另一个大玻璃碗中，用手动打蛋器搅拌均匀。

5 倒入清水，翻拌至无干粉，放上无盐黄油，揉搓成光滑的面团，制成原味面团。

6 将面团放回至大玻璃碗中，封上保鲜膜，室温环境中静置发酵约30分钟。

7 取出发酵好的两种面团，分别擀成厚度约为1厘米的圆形面皮，将擀好的原味面皮贴在菠菜面皮上，再卷起，制成吐司坯。

8 取吐司模具放入吐司坯，放入已预热至30℃的烤箱发酵90分钟，再放入已预热至190℃的烤箱中烤25分钟即可。

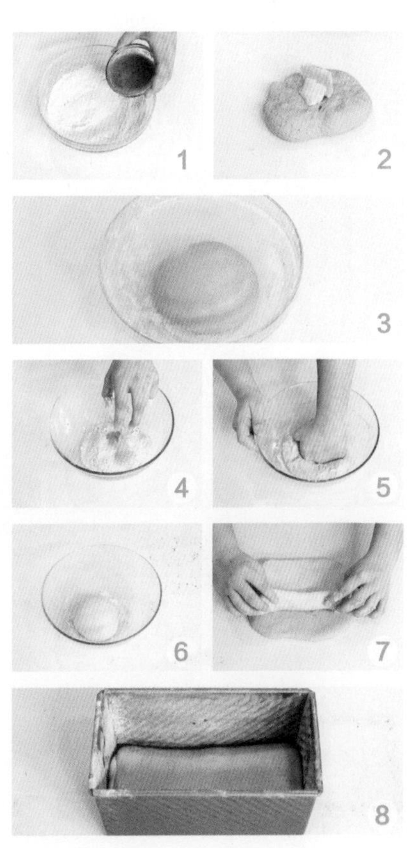

花结蓝莓

烘焙：18分钟　难易度：★★☆

材料

高筋面粉A270克，牛奶110毫升，新鲜蓝莓汁30毫升，细砂糖10克，酵母粉4克，盐3克，无盐黄油26克，清水40毫升，新鲜蓝莓酱24克，高筋面粉B少许，全蛋液少许

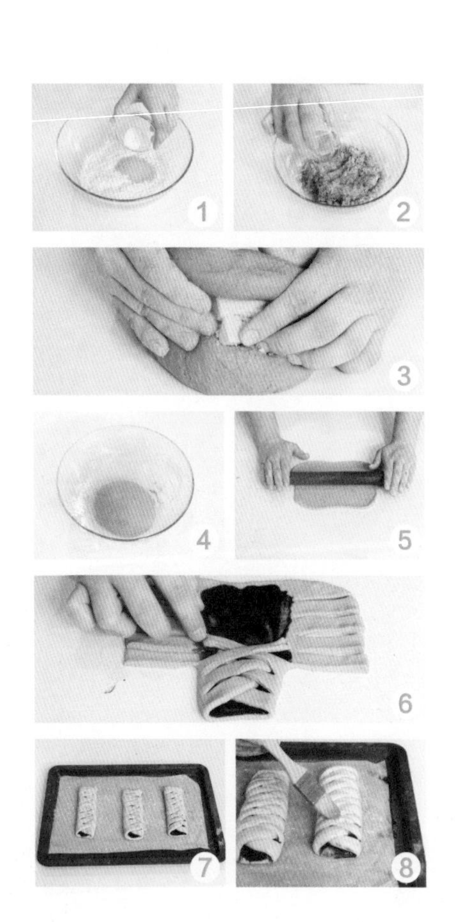

做法

1. 将高筋面粉A、细砂糖、酵母粉、盐倒入大玻璃碗中，用手动打蛋器搅拌均匀。
2. 倒入牛奶、蓝莓汁，用橡皮刮刀翻拌几下，再用手揉成团，倒入清水，再次揉扯几下。
3. 取出面团放在干净的操作台上，将其反复揉扯拉长，放上无盐黄油，收口、揉匀。
4. 将其揉成纯滑的面团，将面团放回至大玻璃碗中，封上保鲜膜，静置发酵约30分钟。
5. 用刮板将面团分成三等份，再收口、搓圆，用擀面杖将其擀成方形的薄面皮。
6. 用刀在面皮的侧边各切上七道长约3厘米的口子，往面皮中间涂抹上蓝莓酱，提起两边切开的面皮交叉呈环抱状，制成花结蓝莓面包坯。
7. 取烤盘，铺上油纸，放上花结蓝莓面包坯，撒上少许高筋面粉B，将烤盘放入已预热至30℃的烤箱中层，静置发酵约30分钟，取出。
8. 用刷子均匀地刷上全蛋液，将烤盘放入已预热至180℃的烤箱中烤18分钟即可。

尝过后好心情的蛋糕

无论是小巧又简易的杯子小蛋糕，装饰精致又可以分享的大蛋糕，还是少糖、无黄油的素食健康蛋糕，抑或者不需要烤箱就能制作的滑嫩慕斯蛋糕，都让人心仪不已。不需要把蛋糕的制作想象得太复杂，本章手把手教您学做美味蛋糕！

黄桃粒磅蛋糕

烘焙：35分钟　难易度：★☆☆

材料

低筋面粉100克，无盐黄油100克，全蛋（2个）108克，细砂糖70克，黄桃粒25克，泡打粉3克

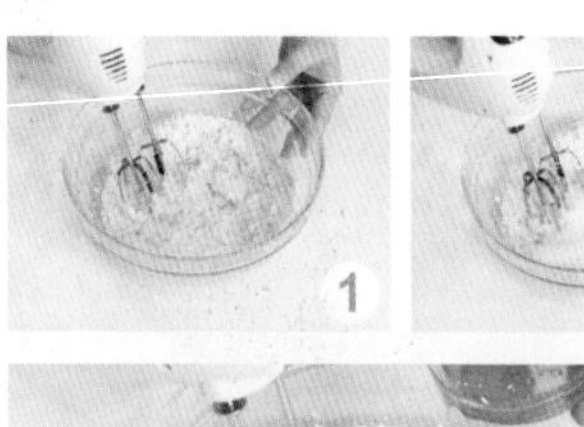

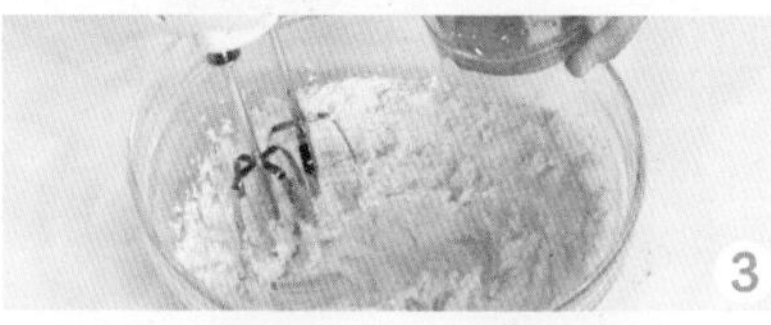

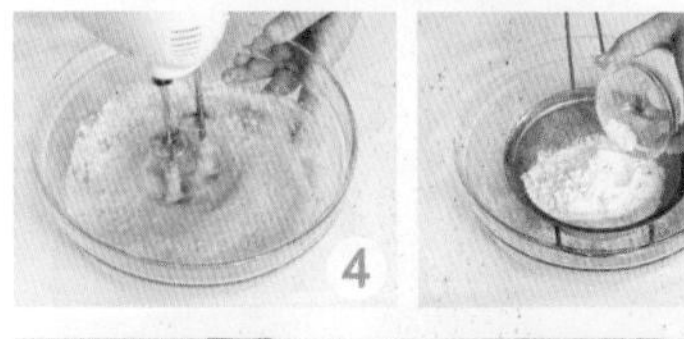

做法

1 将室温软化的无盐黄油装入干净的大玻璃碗中，用电动打蛋器搅打均匀。

2 碗中倒入细砂糖，搅打至混合均匀。

3 倒入少许蛋白，继续搅打均匀。

4 将剩余全蛋分三次加入，用电动打蛋器搅打均匀。

5 将低筋面粉、泡打粉过筛至碗中，用手动打蛋器搅拌至混合均匀。

6 倒入黄桃粒，用橡皮刮刀搅拌至混合均匀，即成蛋糕糊。

7 取蛋糕模具，倒入蛋糕糊，轻震几下。

8 将模具放入已预热至180℃的烤箱中层，烘烤约35分钟即可。

烘焙妙招

倒入蛋糕糊前先用少许黄油将模具内壁和底部都抹匀。

苹果奶磅蛋糕

烘焙：20分钟 难易度：★☆☆

材料

蛋糕体：无盐黄油A100克，白砂糖80克，鸡蛋2个，低筋面粉100克，泡打粉0.5克；**奶酥：**无盐黄油B6克，细砂糖6克，低筋面粉6克，杏仁粉6克；**苹果馅：**苹果半个（200克），低筋面粉6克，肉桂粉适量

做法

1. 苹果去皮、去籽，再切成约1厘米的小碎块，将锅加热再倒入苹果和细砂糖边用橡皮刮刀搅拌，关火时加入肉桂粉继续搅拌。关火后将熟苹果碎盛入碗里，放置一边放凉。
2. 将无盐黄油A倒入搅打盆中，再倒入白砂糖，再用橡皮刮刀搅拌均匀。
3. 分次倒入鸡蛋，并用搅蛋器搅拌。
4. 加入泡打粉、放凉的熟苹果碎，再筛入低筋面粉，用手动打蛋器搅拌均匀，制成面糊。
5. 将面糊以中间低周围高的U字方式倒入铺好油纸的磅蛋糕模具中（小的），备用。
6. 将无盐黄油B和细砂糖倒入干净玻璃碗中，用橡皮刮刀拌匀，接着倒入杏仁粉，搅拌成均匀的面团。
7. 将面团用搓皮刀削进磅蛋糕模具的面糊中央位置，之后用刀在磅蛋糕坯中间割一刀。
8. 将磅蛋糕坯放进预热至180℃的烤箱中烘烤约20分钟即可。

柠檬蓝莓蛋糕

烘焙：25分钟　难易度：★☆☆

材料

植物油50毫升，蜂蜜60克，柠檬浓缩汁10毫升，柠檬皮屑15克，鸡蛋110克，细砂糖30克，杏仁粉160克，低筋面粉80克，盐1克，泡打粉2克，蓝莓200克，奶油奶酪、糖粉各适量，薄荷叶少许，橙酒少许

做法

1 平底锅中倒入植物油、蜂蜜、柠檬浓缩汁和柠檬皮屑，煮沸。

2 在搅拌盆中倒入鸡蛋及细砂糖，搅打至发白状态，此过程需隔水加热。

3 筛入杏仁粉、低筋面粉、盐及泡打粉，搅拌均匀。

4 加入步骤1中的混合物及蓝莓，搅拌均匀，制成蛋糕糊。

5 将蛋糕糊倒入铺有油纸的蛋糕模具中，放入预热至170℃的烤箱，烘烤约25分钟，出炉后放凉。

6 将室温软化的奶油奶酪及糖粉倒入搅拌盆，搅打至顺滑状态。

7 加入橙酒及柠檬浓缩汁，搅拌均匀。

8 将步骤7的混合物涂抹在蛋糕的表面，放上蓝莓和薄荷叶装饰即可。

柠檬蛋糕

烘焙：25分钟　难易度：★☆☆

材料

蛋糕体：低筋面粉50克，蛋黄（1个）16克，蛋白（1个）37克，细砂糖50克，无盐黄油50克，柠檬皮屑4克，柠檬汁8毫升；**柠檬糖霜**：柠檬汁10毫升，糖粉30克

做法

1 将蛋白、细砂糖倒入大玻璃碗中，搅打均匀，搅打至蛋白不易滴落，制成蛋白糊。

2 将室温软化的无盐黄油、细砂糖倒入干净的大玻璃碗中，用电动打蛋器搅打均匀，倒入蛋黄，搅打至混合均匀，倒入柠檬汁、柠檬皮屑搅打至混合均匀。

3 取一半的蛋白糊倒入碗中，搅打至混合均匀。

4 将低筋面粉过筛至碗中，用橡皮刮刀搅拌至无干粉。

5 将剩余蛋白糊倒入碗中，搅拌至混合均匀，即成柠檬蛋糕糊。

6 取蛋糕模具，装入蛋糕糊，轻震几下，将模具放入已预热至170℃的烤箱中烤约25分钟。

7 将柠檬汁、糖粉倒入干净的玻璃碗中，用手动打蛋器搅拌均匀，即成柠檬糖霜。

8 取出烤好的蛋糕，脱模后装入盘中，再淋上柠檬糖霜即可。

柠檬凝乳蛋糕

烘焙：10分钟　难易度：★★★

材料

蛋糕体：低筋面粉20克，全蛋（1个）53克，细砂糖20克，无盐黄油10克；**凝乳：**低筋面粉30克，蛋黄（1个）16克，细砂糖45克，牛奶250毫升，柠檬汁20毫升，香草荚0.5克；**蛋白霜：**蛋白（1个）37克，细砂糖20克；**装饰：**柠檬皮屑、防潮糖粉各少许

做法

1 将全蛋、细砂糖倒入大玻璃碗中，用电动打蛋器搅打至稠状，将低筋面粉过筛至碗里，用橡皮刮刀搅拌至无干粉，倒入事先溶化的无盐黄油拌匀，即成蛋糕糊。

2 取烤盘，倒入蛋糕糊，轻震几下，将烤盘放入已预热至170℃的烤箱中层，烘烤约10分钟。

3 将低筋面粉、细砂糖倒入干净玻璃碗中用手动打蛋器搅拌均匀。

4 将牛奶倒入平底锅中，用中火加热至微微冒泡，将加热的牛奶倒入面粉碗中，快速搅拌均匀。

5 将拌匀的材料倒回至平底锅中，改小火，边加热边搅拌均匀。

6 香草荚取香草籽刮入锅中，搅拌至呈糊状，倒入柠檬汁，搅拌均匀，倒入蛋黄，快速搅拌至混合均匀后关火，将其过筛至干净的玻璃碗中，即成面糊。

7 取出烤好的蛋糕，放凉至室温，倒上过筛后的面糊，再放入冰箱冷藏约2个小时。

8 将蛋白、细砂糖倒入干净的玻璃碗中，用电动打蛋器搅打至不易滴落的状态，即成蛋白霜。

9 从冰箱取出蛋糕，抹上蛋白霜，均匀地撒上柠檬皮屑。

10 用喷枪烤一下蛋白霜表面至出现焦黄色，最后筛上一层防潮糖粉即可。

绿柠檬起司蛋糕

烘焙：30分钟 难易度：★☆☆

材料

饼干碎70克，无盐黄油30克，奶油奶酪300克，细砂糖75克，全蛋65克，柠檬汁10毫升

做法

1 将室温软化的无盐黄油和饼干碎混合均匀。

2 将步骤1倒入包好锡纸的模具中（6寸慕斯模具），并放入冰箱冷藏。

3 奶油奶酪稍微加热后倒入调理碗中，加入细砂糖，用电动搅拌器低速搅拌均匀。

4 倒入全蛋继续搅拌，边倒边搅拌。

5 再倒入柠檬汁，用电动打蛋器搅拌成均匀的面糊。

6 倒入已铺好饼干碎的慕斯模具中。

7 再放入预热至190℃的烤箱中，烘烤30分钟直至表面上色。

8 出炉待冷却脱模后即可。

烘焙妙招

无盐黄油在使用前需要室温软化。

苹果杯子蛋糕

烘焙：15分钟　难易度：★☆☆

材料

低筋面粉120克，苹果丁45克，苹果汁120毫升，淀粉15克，芥花籽油30克，蜂蜜40克，泡打粉1克，苏打粉1克，杏仁片少许

做法

1 将芥花籽油、蜂蜜倒入大玻璃碗中，用手动打蛋器搅拌均匀。
2 碗中再倒入苹果汁，搅拌均匀。
3 将低筋面粉、淀粉、泡打粉、苏打粉过筛至碗中，搅拌至无干粉的面糊。
4 倒入苹果丁，拌匀，即成苹果蛋糕糊。
5 将苹果蛋糕糊装入裱花袋，用剪刀在裱花袋尖端处剪一个小口。
6 取蛋糕杯，挤入苹果蛋糕糊至八分满。
7 撒上杏仁片。
8 将蛋糕杯放在烤盘上，再将烤盘移入已预热至180℃的烤箱中层，烤约15分钟即可。

烘焙妙招

可根据个人喜好调整蜂蜜的用量。

蒙布朗杯子蛋糕

烘焙：18分钟　难易度：★☆☆

材料

栗子酱100克，全蛋50克，牛奶50毫升，细砂糖30克，松饼粉50克，食用油5毫升，熟栗子1个

做法

1 将全蛋倒入大玻璃碗中，用手动打蛋器搅散。
2 碗中倒入细砂糖，搅拌至细砂糖溶化。
3 倒入食用油、牛奶，搅拌均匀。
4 倒入松饼粉，搅拌至无干粉，即成蛋糕糊。
5 将蛋糕糊倒入马克杯中至九分满。
6 将马克杯放在烤盘上，再移入已预热至180℃的烤箱中层，烤约18分钟。
7 取出烤好的蛋糕，挤上栗子酱，再放上一个熟栗子作装饰即可。

烘焙妙招

在蛋糕糊中加入栗子酱，烤好的蛋糕中栗子味会更浓。

无糖椰枣蛋糕

烘焙：35分钟　难易度：★☆☆

材料

南瓜汁200克，低筋面粉160克，碧根果仁15克，干红枣（去核）10克，芥花籽油30毫升，椰浆30毫升，泡打粉2克，苏打粉2克，盐0.5克

做法

1 将芥花籽油、椰浆倒入大玻璃碗中，用打蛋器搅拌均匀。
2 碗中再倒入南瓜汁、盐，搅拌均匀。
3 将低筋面粉、泡打粉、苏打粉过筛至碗里，搅拌成无干粉的面糊，即成蛋糕糊。
4 将蛋糕糊倒入铺有油纸的蛋糕模中。
5 铺上干红枣，撒上捏碎的碧根果仁。
6 将蛋糕模放在烤盘上，再移入已预热至180℃的烤箱中层，烤约35分钟。
7 取出烤好的无糖椰枣蛋糕，脱模后装盘即可。

烘焙妙招

碧根果仁不捏碎，直接加入也别有风味。

红枣杯子蛋糕

烘焙：13分钟　难易度：★☆☆

材料

奶油奶酪90克，无盐黄油65克，砂糖50克，鸡蛋100克，低筋面粉100克，泡打粉2克，红枣糖浆45克，薄荷叶、防潮糖粉各少许

做法

1 将奶油奶酪和黄油倒入调理碗中，用电动搅拌器低速打发30秒至1分钟。

2 倒入砂糖，继续低速打发2～3分钟。

3 分次加入鸡蛋继续打发均匀，再加入红枣糖浆（持续打发至乳化奶油绵密的状态）。

4 筛入低筋面粉、泡打粉，用搅蛋器搅拌成均匀的面糊。

5 将面糊装入裱花袋中，并挤在杯子模具中约八分满。

6 最后放进预热至175℃的烤箱中，烘烤约13分钟。

7 取出杯子蛋糕，放凉后挤上已打发的淡奶油。

8 用薄荷叶装饰，撒上防潮糖粉即可。

烘焙妙招

鸡蛋分次放入盆中搅拌，可使面糊更细腻。

椰子奶油蛋糕

烘焙：30分钟　难易度：★☆☆

材料

低筋面粉60克，全蛋（2个）108克，细砂糖60克，椰子油40毫升，已打发淡奶油适量，椰丝适量，橙丁适量

做法

1. 将全蛋倒入大玻璃碗中，用电动打蛋器搅散，倒入细砂糖，搅打均匀。
2. 将大玻璃碗隔热水（水温约70℃），边加热边搅打至不易滴落的稠状。
3. 将打发好的淡奶油加入到大玻璃碗中，低筋面粉过筛至碗中，用橡皮刮刀翻拌至无干粉。
4. 大玻璃碗中倒入椰子油，用橡皮刮刀搅拌均匀，即成蛋糕糊。
5. 取蛋糕模具，倒入蛋糕糊，轻震几下排出大气泡。
6. 将模具放入已预热至170℃的烤盘中层，烘烤约20分钟，将烤箱温度调节至160℃，再烘烤约10分钟，取出脱模。
7. 将蛋糕放在转盘上，淋上已打发的淡奶油。
8. 均匀地撒上一层椰丝，再放上橙丁即可。

烘焙妙招

如果已打发的淡奶油不够稀，可以借助喷枪轻烤一下。

柳橙蛋糕

烘焙：20分钟　难易度：★☆☆

材料

蛋白糊：蛋白（2个）73克，细砂糖50克；**蛋黄糊**：蛋黄（2个）34克，细砂糖50克，低筋面粉50克，高筋面粉50克，无盐黄油100克；**表面材料**：橙子3片

做法

1 将蛋白、三分之一的细砂糖倒入大玻璃碗中，用电动打蛋器搅打均匀，剩余细砂糖分两次倒入碗中，搅打至蛋白不易滴落，制成蛋白糊。

2 将室温软化的无盐黄油倒入干净的大玻璃碗中，用电动打蛋器搅打均匀，碗中倒入细砂糖，继续搅打至混合均匀。

3 倒入蛋黄，搅打至混合均匀，制成蛋黄糊。

4 将一半的蛋白糊倒入装有蛋黄糊的大玻璃碗中，用橡皮刮刀翻拌均匀。

5 将低筋面粉、高筋面粉过筛至碗中，用橡皮刮刀搅拌至无干粉。

6 碗中再加入剩余蛋白糊，继续用橡皮刮刀搅拌至混合均匀，即成蛋糕糊。

7 取模具，倒入蛋糕糊，轻震几下，排出大气泡，再放上三片橙子。

8 将模具放入已预热至180℃的烤箱中层，烘烤约20分钟，取出脱模即可。

大理石芝士蛋糕

烘焙：45分钟　难易度：★☆☆

材料

芝士蛋糕：奶油奶酪200克，细砂糖60克，牛奶100毫升，无盐黄油35克，玉米淀粉15克，蛋黄（2个）35克，蛋白30克，可可粉5克，香草精1毫升，透明镜面果胶适量；**饼底：**手指饼干60克，无盐黄油15克

做法

1 将手指饼干装入保鲜袋中，用擀面杖擀碎后倒入大玻璃碗中。

2 碗中再倒入室温软化的无盐黄油，翻拌均匀，制成饼底，倒入蛋糕模具中铺平，待用。

3 将奶油奶酪、细砂糖装入另一个大玻璃碗中，再隔热水搅拌均匀后，改用电动打蛋器将材料搅打至细腻有纹路，边倒入牛奶边搅打均匀。

4 将玉米淀粉过筛至碗里拌匀，倒入蛋白、蛋黄拌匀，再倒入香草精拌匀，制成面糊。

5 取大约60克面糊装入小玻璃碗中，碗中再倒入可可粉混匀，制成可可糊。

6 将面糊倒在饼底上，再将可可糊均匀滴在面糊上，用竹签在表面划出花纹。

7 用锡箔纸包住蛋糕模具底部。取出烤盘，倒上适量热水，再将蛋糕模具放在烤盘上，将烤盘放入已预热至180℃的烤箱中烤45分钟。

8 取出烤好的蛋糕，用刷子在蛋糕表面刷上透明镜面果胶，放凉至室温后脱模即可。

轻乳酪蛋糕

烘焙：60分钟 难易度：★★☆

材料

牛奶170毫升，奶油奶酪135克，蛋黄（3个）54克，蛋白（3个）105克，糖粉80克，玉米淀粉15克，低筋面粉15克，透明镜面果胶适量

做法

1 将牛奶倒入不锈钢锅中，用中火加热至冒气，放入奶油奶酪，边加热边搅拌均匀，至奶油奶酪完全溶化，制成牛奶奶酪液。
2 将蛋黄、20克糖粉装入大玻璃碗中，用手动打蛋器搅拌混合均匀，倒入牛奶奶酪液，边倒边搅拌均匀。
3 将低筋面粉、玉米淀粉过筛至碗里。
4 搅拌均匀，制成蛋黄糊。
5 将蛋白、剩余糖粉均倒入另一个大玻璃碗中，用打蛋器将碗中的材料搅打至九分发。
6 取一半的打发蛋白倒入蛋黄糊中，翻拌均匀。
7 将拌匀的混合材料倒入装有剩余打发蛋白的碗中，继续用橡皮刮刀翻拌均匀，制成蛋糕糊。
8 取蛋糕模，铺上高温布，再倒入蛋糕糊，轻震几下排出大气泡，放在已预热至150℃的烤箱中烤约60分钟。
9 取出烤好的蛋糕，再用刷子将透明镜面果胶刷在蛋糕的表面。
10 将蛋糕脱模后撕掉高温布即可。

朗姆酒奶酪蛋糕

烘焙：30分钟　难易度：★☆☆

材料

饼干底：消化饼干80克，无盐黄油25克；**芝士液：**奶油奶酪300克，淡奶油80克，细砂糖60克，朗姆酒120毫升，鸡蛋70克，浓缩柠檬汁30毫升，低筋面粉25克

做法

1 将消化饼干压碎，倒入碗中，加入无盐黄油拌匀。

2 将慕斯圈的底部包上锡纸，放入步骤1中的饼干碎，压紧实，放入冰箱冷藏30分钟。

3 将奶油奶酪及细砂糖倒入搅拌盆中，搅打至顺滑。

4 倒入打散的鸡蛋拌匀。

5 再依次加入淡奶油、朗姆酒，每放入一样食材都需要搅拌均匀。

6 加入浓缩柠檬汁拌匀。

7 筛入低筋面粉，搅拌均匀，制成芝士糊。

8 将芝士糊筛入搅拌盆中。

9 取出放有饼底的慕斯圈，倒入芝士糊，抹平表面。

10 放入预热至170℃的烤箱中，烘烤25～30分钟，出炉放凉，放入冰箱冷藏3小时，取出脱模即可。

烘焙妙招

可根据个人喜好调整朗姆酒的用量。

抹茶黑糖蜜蛋糕

烘焙：15分钟　难易度：★★☆

材料

低筋面粉60克，全蛋（2个）108克，细砂糖65克，无盐黄油40克，抹茶7克，热水10毫升，淡奶油200克，黑糖蜜少许

做法

1 将全蛋倒入大玻璃碗中，用电动打蛋器搅散，接着倒入60克细砂糖，搅打均匀。

2 将大玻璃碗中隔热水（水温约70℃），边加热边搅打至不易滴落的稠状。

3 往装有抹茶的玻璃碗中倒入热水、剩余细砂糖，搅拌均匀，即成抹茶糊。

4 取出大玻璃碗，放在操作台上，将低筋面粉过筛至大玻璃碗中，用橡皮刮刀翻拌至无干粉；倒入事先隔热水搅拌至溶化的无盐黄油、抹茶糊，搅拌至混合均匀，即成抹茶蛋糕糊。

5 取烤盘，垫上油纸，倒入抹茶蛋糕糊，轻震几下排出大气泡；将烤盘放入已预热至170℃的烤箱中层，烘烤约15分钟。

6 将淡奶油装入干净的大玻璃碗中，用电动打蛋器搅打至不易滴落的状态，装入已套有圆形裱花嘴的裱花袋，用剪刀在裱花袋尖端处剪一个小口。

7 取出烤好的抹茶蛋糕，用圆形模具（开口是圆形的器皿均可）按压出数个圆形蛋糕片。

8 取一片蛋糕放在转盘上，挤上数个球形淡奶油。

9 盖上第二片蛋糕，再次挤上数个球形淡奶油。

10 放上第三片蛋糕，挤上一个稍大一点的球形淡奶油，放上黑糖蜜作装饰即可。

抹茶红豆蛋糕卷

烘焙：20分钟　难易度：★★☆

材料

蛋黄糊：蛋黄（3个）液62克，低筋面粉60克，细砂糖10克，色拉油30毫升，抹茶粉6克，热水25毫升；**蛋白糊**：蛋白（3个）103克，细砂糖40克，清水40毫升；**内馅**：淡奶油150克，细砂糖5克，蜜红豆100克

做法

1 将抹茶粉倒入装有热水的玻璃碗中拌匀。

2 将蛋黄液和10克细砂糖倒入另一个大玻璃碗中，搅拌均匀，再倒入30毫升色拉油拌匀，倒入40毫升清水、抹茶汁，继续搅拌均匀。

3 将低筋面粉过筛至碗里，用手动打蛋器搅拌至无干粉，制成蛋黄糊。

4 将蛋白和细砂糖搅打至九分发，制成蛋白糊。

5 将一半的蛋白糊倒入蛋黄糊中翻匀，再倒回装有剩余蛋白糊的大玻璃碗中拌匀成蛋糕糊。

6 取烤盘，铺上油纸，倒入蛋糕糊，轻震几下排出大气泡，将烤盘放入已预热至190℃的烤箱中层，烤约20分钟后取出烤盘，稍稍放凉。

7 将内馅材料中的淡奶油、细砂糖倒入干净的大玻璃碗中，用电动打蛋器搅打至九分发。

8 倒入蜜红豆，翻拌均匀，制成内馅。

9 用抹刀将内馅均匀抹在蛋糕表面，将蛋糕卷成卷，放入冰箱冷藏约30分钟。

10 取出蛋糕，撕掉油纸，再切成块即可。

抹茶卷蛋糕

烘焙：15分钟　难易度：★☆☆

材料

低筋面粉40克，全蛋（2个）108克，细砂糖45克，无盐黄油20克，抹茶粉3克，热水10毫升，已打发淡奶油50克，薄荷叶少许

做法

1 将全蛋倒入干净玻璃碗中，用电动打蛋器搅散，倒入40克细砂糖，搅打至浓稠状。

2 将低筋面粉过筛至淡奶油碗中，用橡皮刮刀翻拌至无干粉，倒入事先溶化的无盐黄油拌匀。

3 往装有抹茶粉的小玻璃碗中加入热水、5克细砂糖，搅拌均匀，制成抹茶液。

4 将抹茶液倒入大玻璃碗中，用橡皮刮刀将碗中材料搅拌均匀，即成抹茶蛋糕糊。

5 取烤盘，垫上油纸，再倒入蛋糕糊，轻震几下排出大气泡。

6 将烤盘放入已预热至170℃的烤箱中层，烘烤约15分钟后取出烤好的蛋糕，脱模后放在铺有油纸的烤网上，放凉至室温。

7 将蛋糕切成宽约2厘米的条，用抹刀将适量淡奶油涂抹在条形蛋糕上，再将其卷成卷。

8 再用另一条抹了淡奶油的蛋糕从蛋糕卷的末端开始继续卷成卷，制成一个更大的卷蛋糕，最后放上薄荷叶作装饰即可。

维也纳巧克力杏仁蛋糕

烘焙：30分钟　难易度：★★☆

材料

蛋黄糊：低筋面粉38克，纯巧克力38克，牛奶30毫升，无盐黄油38克，细砂糖10克，朗姆酒2毫升，蛋黄（3个）46克；**蛋白糊**：蛋白（3个）106克，细砂糖40克；**表面材料**：杏仁片适量；**内馅**：打发淡奶油适量，草莓块适量

做法

1 将巧克力、牛奶装入小钢锅中，隔热水搅拌至溶化，倒入无盐黄油、细砂糖，搅拌至完全溶化。
2 将小钢锅中的材料倒入装有蛋黄的大玻璃碗中，搅拌均匀，倒入朗姆酒拌匀。
3 将低筋面粉过筛至碗中，用手动打蛋器快速搅拌成无干粉的糊状，即成蛋黄糊。
4 将蛋白、细砂糖倒入另一个大玻璃碗中，用电动打蛋器搅打至不易滴落的状态，即成蛋白糊。
5 取一半的打发蛋白糊倒入装有蛋黄糊的大玻璃碗中，用橡皮刮刀翻拌至混合均匀。
6 将拌匀的材料倒回至装有剩余打发蛋白糊的大玻碗中，继续用橡皮刮刀翻拌均匀，即成蛋糕糊。
7 取蛋糕模，倒入蛋糕糊，再均匀地撒上杏仁片，将蛋糕模放入已预热至180℃的烤箱中层，烘烤约30分钟至表面上色。
8 取出烤好的蛋糕，脱模；将蛋糕切成三个圆片。
9 将一片蛋糕放在转盘上，涂抹上适量打发淡奶油，放上一层草莓块，放上第二片蛋糕。
10 均匀地涂抹一层打发淡奶油，放上一层草莓块，最后再放上一片蛋糕即可。

Happy Birthday

小王子造型米蛋糕

烘焙：30分钟　难易度：★★★

材料

蛋黄（4个）65克，粳米粉70克，玉米淀粉30克，牛奶70毫升，无盐黄油60克，泡打粉2克，蛋白（4个）145克，柠檬汁3毫升，细砂糖110克，淡奶油600克，蓝色素2滴，火龙果丁250克，草莓丁100克，白巧克力80克，爱心棉花糖适量，夹心饼干块适量，银珠少许，糖珠少许，小王子玩具、卡牌各适量

做法

1 将蛋黄倒入碗中搅散，倒入事先隔热水溶化的无盐黄油拌匀，倒入牛奶拌匀。

2 将粳米粉、玉米淀粉、泡打粉过筛至碗中拌匀成无干粉的面糊，制成蛋黄糊。

3 将蛋白、40克细砂糖、柠檬汁倒入另一个玻璃碗中。

4 倒入40克细砂糖，用电动打蛋器搅打成蛋白糊。

5 取一半蛋白糊倒入蛋黄糊中拌匀，倒回至剩余蛋白糊中，拌匀成蛋糕糊。

6 取蛋糕模具，倒入蛋糕糊，再轻震几下，放入已预热至180℃的烤箱中烤约30分钟，取出倒扣，放凉至室温。

7 将淡奶油、30克细砂糖用电动打蛋器打发，滴入2滴蓝色素，搅打成蓝色奶油霜。

8 将蛋糕脱模后放在转盘上，用齿刀切成三个圆片。将适量蓝色奶油霜涂抹在第一片蛋糕上，放上火龙果丁，再涂抹上一层蓝色奶油霜。

9 放上第二片蛋糕，涂抹上一层蓝色奶油霜，放上剩余的火龙果丁、草莓丁，再涂抹上一层蓝色奶油霜。

10 放上第三片蛋糕，将蓝色奶油霜均匀涂抹在蛋糕表面。

11 将白巧克力入小钢锅中隔热水至溶化，装入裱花袋，以画圈的方式由内向外挤在蛋糕上面，边转动转盘。

12 将小王子玩具、爱心棉花糖、夹心饼干放在蛋糕上面，放上银珠、糖珠、卡牌、夹心饼干作装饰即可。

蓝莓玛芬蛋糕

烘焙：25分钟 难易度：★★☆

材料

酥皮：无盐黄油25克，糖粉25克，低筋面粉50克；**蛋糕糊**：低筋面粉140克，无盐黄油65克，全蛋（1个）55克，蓝莓80克，淡奶油100克，柠檬皮屑5克，细砂糖60克，盐1克，泡打粉2克

做法

1 将无盐黄油、糖粉倒入大玻璃碗中，用橡皮刮刀拌匀。
2 将低筋面粉过筛至碗里，用橡皮刮刀翻拌均匀成面团。
3 制成酥皮，用保鲜膜包住酥皮，待用。
4 将无盐黄油、细砂糖、盐倒入干净的大玻璃碗中，用橡皮刮刀拌匀，改用电动打蛋器将碗中材料搅打均匀。
5 边倒入全蛋，边搅打均匀。
6 再一边倒入淡奶油，一边搅打均匀。
7 倒入柠檬皮屑，用橡皮刮刀搅拌均匀。
8 将低筋面粉过筛至碗里，再倒入泡打粉，用手动打蛋器搅拌均匀成无干粉的面糊。
9 倒入蓝莓，用橡皮刮刀翻拌均匀，制成蛋糕糊。
10 将蛋糕糊装入裱花袋里，用剪刀在裱花袋尖端处剪一个小口。
11 取烤盘，放上蛋糕模具，模具中放入纸杯，再逐一挤入蛋糕糊。
12 撕掉保鲜膜，将酥皮均匀放在蛋糕糊上，用叉子将其拨散开，将烤盘放入已预热至180℃的烤箱中层，烤约25分钟即可。

地瓜蛋糕

难易度：★★★

材料

蛋糕体：海绵蛋糕3片；**卡仕达酱**：蛋黄60克，细砂糖60克，玉米淀粉30克，牛奶300毫升，无盐黄油10克；**地瓜泥**：熟地瓜300克，无盐黄油30克，蜂蜜45克，淡奶油100克

做法

1 将牛奶倒入锅内，再加入细砂糖煮至牛奶沸腾，关火。

2 将蛋黄倒入调理碗中，搅拌均匀后倒入热牛奶继续搅拌。

3 再加入玉米淀粉，用打蛋器搅拌，制成蛋黄液。

4 将蛋黄液再倒入锅里，煮至呈现浓稠状时倒入无盐黄油，继续搅拌直至黄油溶化，制成卡仕达酱。

5 将熟地瓜装入保鲜袋中，用擀面杖擀平碾成泥。

6 将地瓜泥、蜂蜜、室温软化的无盐黄油、淡奶油倒入调理碗中，用电动打蛋器低速搅拌30秒左右，制成地瓜泥。

7 将冷却后的卡仕达酱和地瓜泥混合搅拌，用电动搅拌器继续低速打发30秒，制成地瓜奶油酱。

8 取一片海绵蛋糕碾碎做成蛋糕碎。

9 取一块海绵蛋糕，将地瓜奶油酱抹在海绵蛋糕的表面，再放上第二块海绵蛋糕，继续抹上酱。

10 将第三块海绵蛋糕掰碎均匀地粘在表面和侧面，最后放上烤好的地瓜片，插在表面装饰即可。

沙河蛋糕

烘焙：40分钟　难易度：★★★

材料

黑巧克力95克，低筋面粉90克，细砂糖75克，糖粉30克，杏酱100克，蛋白（4个）140克，蛋黄（4个）61克，无盐黄油95克，装饰用淡奶油150克，装饰用黑巧克力200克，溶化的巧克力适量

做法

1 将黑巧克力装入小钢锅中，隔热水溶化；将无盐黄油倒入大玻璃碗中，用电动打蛋器搅打均匀，倒入糖粉，继续搅打至发白、蓬松。

2 分两次倒入蛋黄，用电动打蛋器搅打均匀。

3 将巧克力倒入玻璃碗中，拌匀成蛋黄巧克力糊。

4 将蛋白倒入另一大玻璃碗中，搅打均匀，分3次倒入细砂糖，搅打至提起不易滴落的状态。

5 将一半的打发蛋白倒入蛋黄巧克力糊中拌匀，再倒回剩余的打发蛋白中搅拌至混合均匀。

6 往碗中筛入低筋面粉，拌匀成蛋糕糊。

7 取蛋糕模，倒入蛋糕糊，放入已预热至180℃的烤箱中烤40分钟，取出脱模即可。

8 将装饰用淡奶油、装饰用巧克力倒入平底锅中，边加热边搅拌，制成巧克力酱，盛出。

9 将蛋糕放在转盘上，横切成三片，将杏酱均匀地涂抹在一片蛋糕上，盖上第二片蛋糕，再涂抹上杏酱，盖上第三片蛋糕。

10 将蛋糕挪到烤网上，表面淋上巧克力酱即可。

绿茶玛德琳蛋糕

烘焙：20分钟　难易度：★☆☆

材料

低筋面粉128克，蜂蜜50克，芥花籽油40毫升，柠檬汁8毫升，抹茶粉5克，泡打粉2克，清水120毫升

做法

1 将芥花籽油、蜂蜜、清水倒入大玻璃碗中，用手动打蛋器搅拌均匀。
2 倒入柠檬汁，拌匀。
3 将低筋面粉、抹茶粉、泡打粉过筛至碗里，搅拌成无干粉的面糊，即成蛋糕糊。
4 将蛋糕糊装入裱花袋中，用剪刀在裱花袋尖端处剪一个小口。
5 取蛋糕模具，挤入蛋糕糊至满。
6 将蛋糕模具放入已预热至180℃的烤箱中层，烤约20分钟即可。

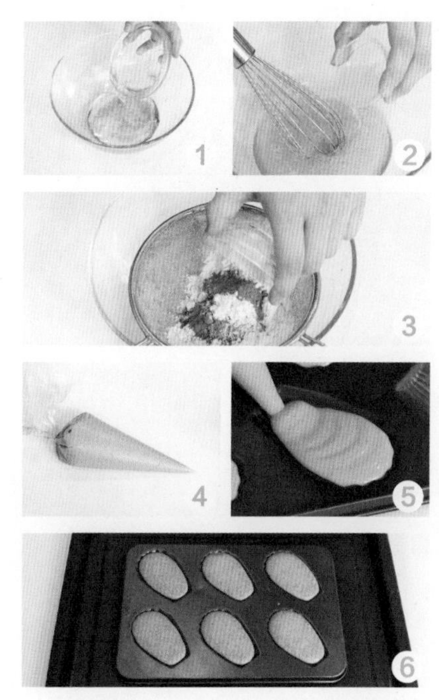

烘焙妙招

芥花籽油可以用其他食用油代替，但是最好使用无味或味道比较小的食用油种类。

香橙戚风蛋糕

烘焙：23分钟　难易度：★★★

材料

香橙戚风蛋糕：蛋黄40克，盐0.5克，鲜橙汁58毫升，植物油13毫升，低筋面粉55克，蛋白90克，细砂糖48克；**香橙慕斯**：吉利丁6克，蛋黄35克，细砂糖20克，鲜橙汁50毫升，牛奶40毫升，淡奶油200克，橙酒10毫升；**忌廉**：淡奶油100克，橙酒2毫升，橙色食用色素少许

做法

1 将蛋黄、13克细砂糖、盐依次倒入大玻璃碗中，再倒入鲜橙汁、植物油，搅拌均匀，筛入低筋面粉，搅拌成无干粉的面糊。

2 将蛋白倒入另一个大玻璃碗中，搅打均匀，倒入35克细砂糖，打发呈鸡尾状。

3 将打发的蛋白分2次倒入面糊里搅拌均匀，倒入蛋糕模具内，制成戚风蛋糕坯。

4 移入已预热至170℃的烤箱中烤23分钟后取出，将烤好的蛋糕脱模，分切成3片。

5 将蛋黄、细砂糖、鲜橙汁倒入另一个大玻璃碗中拌匀。

6 平底锅中倒入牛奶，开火加热，放入吉利丁，边加热边搅拌至其完全溶化。

7 将锅中的材料倒入碗中，加入淡奶油，拌匀成香橙慕斯。

8 将淡奶油，倒入另一个大玻璃碗中，倒入橙酒后搅打匀。

9 取一半打匀的淡奶油，加入橙色食用色素，搅拌均匀，制成橙色忌廉；另一半继续搅打，制成装饰忌廉。

10 将一片蛋糕放入模具内，抹上香橙慕斯，放上另一片蛋糕，抹上香橙慕斯，放上最后一片蛋糕，移入冰箱冷藏。

11 用火枪脱模后，均匀涂上装饰忌廉，再涂上橙色忌廉。

12 用橙色忌廉在蛋糕上面挤出花边，放上小樱桃，用装饰忌廉在蛋糕底部挤上一圈“珍珠”，最后在蛋糕上面挤出数个小“爱心”即可。

Part3 尝过后好心情的蛋糕

可可浓郁蛋糕

烘焙：25分钟　难易度：★★☆

材料

蛋糕体：低筋面粉50克，蛋黄（1个）16克，蛋白（1个）37克，细砂糖50克，无盐黄油50克，可可粉15克，白兰地适量，温水30毫升；**可可糖霜**：可可粉8克，糖粉10克，温水15毫升；**装饰材料**：胡桃仁碎少许

做法

1 将温水倒入装有可可粉的小玻璃碗中，搅拌均匀，制成可可糊。

2 将蛋白、细砂糖倒入大玻璃碗中，用电动打蛋器搅打均匀，制成蛋白糊。

3 将室温软化的无盐黄油倒入干净的大玻璃碗中搅打均匀，倒入细砂糖、蛋黄、白兰地、可可糊，充分搅打均匀，制成可可蛋黄糊。

4 取一半的蛋白糊倒入碗中，搅打至混合均匀，将低筋面粉过筛至碗中，搅拌至无干粉。

5 将剩余蛋白糊倒入碗中，搅拌至混合均匀，即成可可蛋糕糊。

6 取蛋糕模具，装入蛋糕糊，轻震几下，将模具放入已预热至170℃的烤箱中烤约25分钟。

7 将可可粉、糖粉装入干净的玻璃碗中，用手动打蛋器搅拌均匀，碗中再倒入温水，充分搅拌均匀，制成可可糖霜。

8 取出烤好的蛋糕，脱模后淋上可可糖霜，再撒上胡桃仁碎即可。

Part 4

嘎嘣嘎嘣酥脆的饼干

小巧的饼干，不仅蕴含着无限的心意，也可以为健康加分。不管是经典原味脆饼、风味独具的夹心饼干、多层次酥饼、坚果饼干、软饼干，以及健康谷物饼干等，你能想到的好吃的饼干，本章都能找得到。自己动手制作，不需添加太多人工添加物，也能做出美味可爱的饼干。

黄油曲奇

烘焙：15分钟　难易度：★☆☆

材料

低筋面粉100克，杏仁粉50克，全蛋1个（约56克），无盐黄油90克，细砂糖50克，盐1克，香草精2克

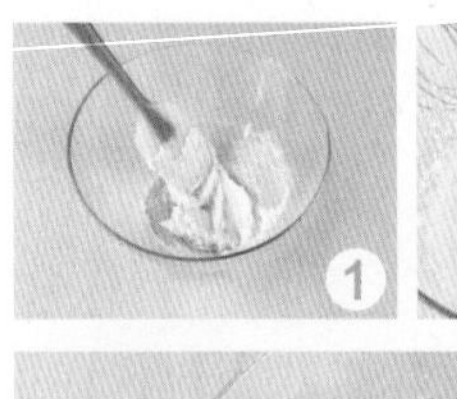

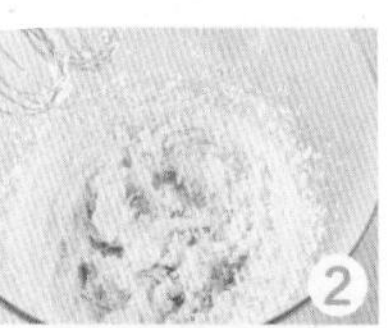

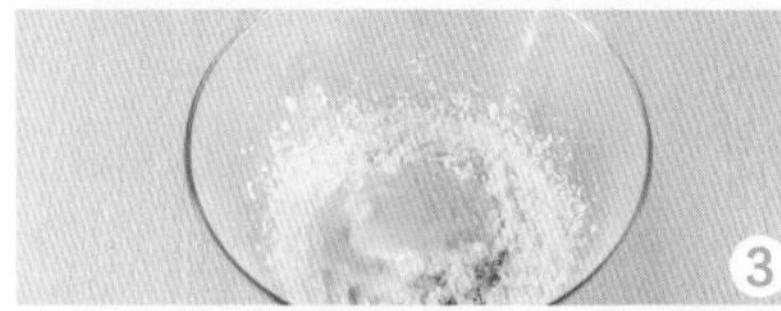

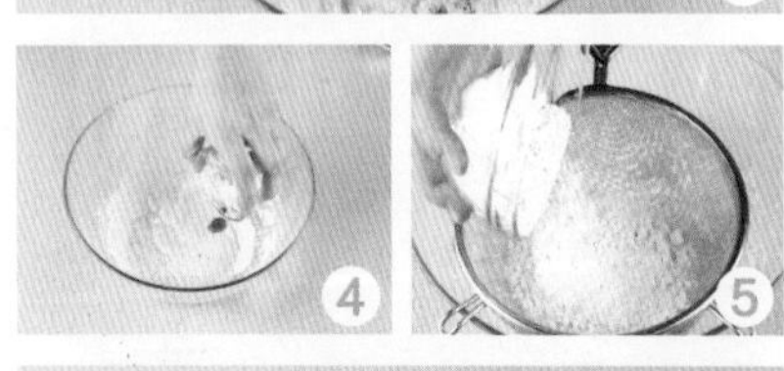

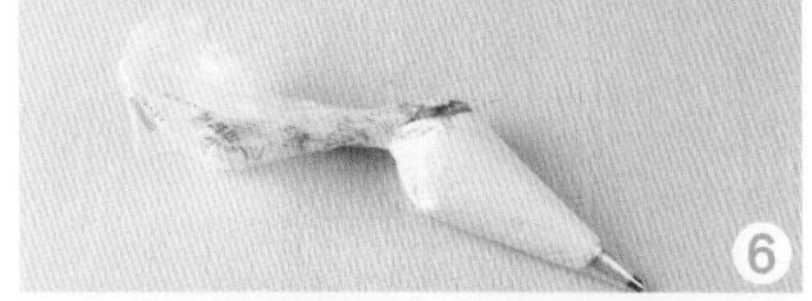

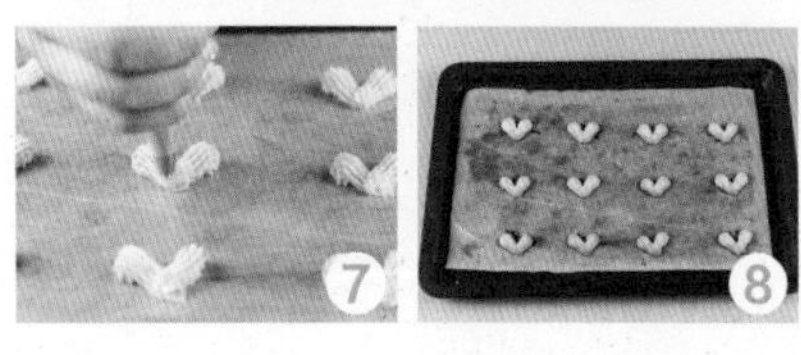

做法

1 将无盐黄油、细砂糖、盐倒入大玻璃碗中，用橡皮刮刀搅拌均匀。

2 改用电动打蛋器搅打均匀至稠状。

3 分2次倒入全蛋，搅拌均匀。

4 倒入香草精，搅拌均匀。

5 将低筋面粉、杏仁粉过筛至碗里，搅拌成无干粉的面糊。

6 将面糊装入套有圆齿裱花嘴的裱花袋里，用剪刀在裱花袋尖端处剪一个口子。

7 取烤盘，铺上油纸，再挤出数个造型一致的爱心面糊，制成曲奇坯。

8 将烤盘放入已预热至180℃的烤箱中层，烤约15分钟，取出烤好的黄油曲奇，放凉至室温，取下黄油曲奇装入盘中即可。

蔓越莓曲奇

烘焙：15分钟　难易度：★☆☆

材料

无盐黄油125克，糖粉60克，盐1克，蛋黄20克，低筋面粉170克，蔓越莓干25克

做法

1 将室温软化的无盐黄油和糖粉放入搅拌盆中，用橡皮刮刀搅拌均匀。

2 倒入蛋黄（打散）继续搅拌，使蛋黄与无盐黄油完全融合。

3 再加入盐、蔓越莓干，搅拌均匀。

4 筛入低筋面粉，用橡皮刮刀搅拌均匀成面团。

5 取出放在干净的操作台上，用手轻轻揉成光滑的面团（注意揉的时候不要过度，面团容易出油）。

6 再将面团揉搓成圆柱体，用油纸包好，放入冰箱冷冻约30分钟。

7 取出面团，用刀将其切成厚度约为45毫米的饼干坯，放在烤盘上。

8 烤箱175℃，将烤盘置于烤箱中层，烘烤15分钟即可。

布林杏仁曲奇

烘焙：18分钟　难易度：★☆☆

材料

低筋面粉130克，黑布林酱20克，无盐黄油120克，糖粉70克，盐1克，蛋白30克，杏仁12颗

做法

1 将室温软化的无盐黄油放入大玻璃碗中，用电动打蛋器搅散。

2 倒入糖粉，搅打至混匀，倒入盐，搅打均匀，倒入蛋白，持续搅打一会儿。

3 将一半的低筋面粉过筛至碗中，搅拌均匀。

4 倒入黑布林酱，用手动打蛋器搅拌均匀。

5 将剩余低筋面粉过筛至碗中，充分搅拌均匀，制成曲奇面糊。

6 将面糊装入套有大号圆齿裱花嘴的裱花袋里。

7 取烤盘，铺上油纸，挤出12个曲奇坯，在每个曲奇坯上放上一颗杏仁。

8 将烤盘放入已预热至175℃的烤箱中烤约18分钟即可。

烘焙妙招

饼干单独保存易受潮，最好放入玻璃罐中密封保存。

海苔酥饼

烘焙：15分钟　难易度：★★☆

材 料

中筋面粉150克，全蛋液15克，海苔碎2克，细砂糖20克，酵母粉2克，小苏打2克，盐1.5克，食用油15毫升，清水50毫升

做 法

1. 将中筋面粉、小苏打、清水、细砂糖、酵母粉、盐、食用油倒入大玻璃碗中。
2. 用橡皮刮刀将碗中材料翻拌均匀成无干粉的面团。
3. 用保鲜膜包裹住面团，静置发酵约1个小时。
4. 撕开保鲜膜，将面团揉搓一会儿，再用擀面杖擀成厚度约为0.8厘米的薄面皮。
5. 用刀修剪面皮四周使之成菱形，再切成八个三角形块。
6. 将切好的面皮放在铺有油纸的烤盘上。
7. 用刷子将全蛋液均匀地刷在面皮表面。
8. 海苔碎均匀撒在面皮表面，将烤盘放入已预热至180℃的烤箱中烤约15分钟至上色即可。

烘焙妙招

面皮最好修整齐一些，这样生坯的外形才匀称美观。

咖喱海苔饼

烘焙：20分钟　难易度：★☆☆

材料

低筋面粉155克，全蛋液40克，核桃仁碎30克，熟白芝麻35克，海苔碎3克，无盐黄油80克，糖粉55克，咖喱酱10克，盐1克

做法

1 将室温软化的无盐黄油、糖粉倒入大玻璃碗中，用橡皮刮刀翻拌至混合均匀，再改用电动打蛋器搅打均匀。

2 倒入盐，搅打均匀。

3 分2次倒入全蛋液，边倒边搅打均匀。

4 放入咖喱酱，搅打均匀。

5 倒入核桃仁碎。

6 将低筋面粉过筛至碗中，用橡皮刮刀翻拌均匀成无干粉的面团。

7 将白芝麻和海苔碎混合均匀；将面团分成约16克一个的小面团，搓圆后沾裹上一层混合好的材料，再放在铺有油纸的烤盘上，轻轻地用手按扁。

8 将烤盘放入已预热至180℃的烤箱中层，烤约20分钟至上色即可。

烘焙妙招

在烤盘里要留出足够的间隙，以免烤好后粘在一起。

坚果蛋黄酥

烘焙：15分钟　难易度：★☆☆

材料

蛋黄液50克，低筋面粉135克，无盐黄油75克，细砂糖75克，泡打粉1.5克，苏打粉1.5克，碧根果碎15克

做法

1 将无盐黄油和细砂糖倒入大玻璃碗中，按扁。

2 改用电动打蛋器将碗中材料搅打均匀。

3 倒入35克蛋黄液，边倒边搅打均匀。

4 将低筋面粉、泡打粉、苏打粉过筛至碗里，用橡皮刮刀翻拌成无干粉的面团。

5 用手将面团分成数个重约43克一个的小面团，再搓圆。

6 将搓好的小面团放在铺有油纸的烤盘上，再轻轻按扁，将备好的碧根果碎轻压在小面团上。

7 将剩余蛋黄液刷在小面团上，制成坚果蛋黄酥坯。

8 将烤盘放入已预热至180℃的烤箱中层，烤约15分钟至上色即可。

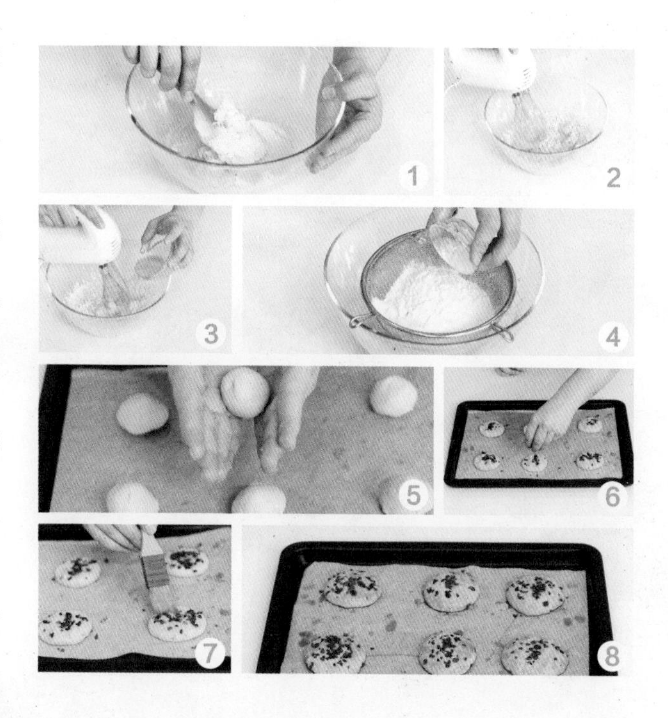

烘焙妙招

生坯要大小均匀，这样烤出来的成品也会受热均匀。

花生粒饼干

烘焙：15分钟　难易度：★★☆

材料

低筋面粉160克，杏仁粒50克，全蛋液30克，花生酱100克，无盐黄油130克，糖粉120克，柠檬汁2毫升，盐0.5克，海苔碎少许

做法

1 将室温软化的80克无盐黄油、50克花生酱、盐、70克糖粉倒入大玻璃碗中翻拌均匀，再用电动打蛋器边倒入全蛋液，边搅打均匀。

2 将低筋面粉过筛至碗里，翻拌均匀成无干粉的面团。

3 将面团分成约15克一个的小面团，搓圆后沾裹杏仁粒。

4 再将沾裹上杏仁粒的小面团放在铺有油纸的烤盘上。

5 将烤盘放入已预热至180℃的烤箱中，烤约15分钟至上色。

6 将剩余无盐黄油、花生酱、糖粉、柠檬汁倒入干净的玻璃碗中，用橡皮刮刀翻拌均匀，制成装饰酱。

7 将装饰酱装入套有圆齿裱花嘴的裱花袋里，用剪刀在裱花袋尖端处剪一个小口。

8 取出烤好的饼干，放凉至室温，将装饰酱挤在烤好的饼干上，再放上海苔碎、剩余杏仁粒作装饰即可。

烘焙妙招

面团揉搓的时间不宜过长，以免影响成品的口感。

可可杏仁饼

烘焙：13分钟　难易度：★★☆

材料

杏仁片68克，低筋面粉60克，高筋面粉52克，无盐黄油70克，全蛋液18克，可可粉8克，糖粉35克，盐1克

做法

1. 将室温软化的无盐黄油、糖粉、盐倒入大玻璃碗中，翻拌至混合均匀，再改用电动打蛋器搅打均匀。
2. 分2次倒入全蛋液搅打均匀。
3. 倒入杏仁片。
4. 再将高筋面粉、低筋面粉、可可粉过筛至碗里，用橡皮刮刀翻拌成无干粉的面团。
5. 取出面团放在干净的操作台上，揉搓成圆柱状，再将面团放在油纸上，往回卷起油纸包裹住面团。
6. 取饼干模具，放入面团，用擀面杖轻轻敲击面团表面，使之变成规整的长方形面团，放入冰箱冷冻30分钟。
7. 取出冷冻好的面团，撕掉油纸，再分切成厚度约为1厘米的块，制成饼干坯。
8. 取烤盘，放上油纸，再放上饼干坯。将烤盘放入已预热至170℃的烤箱中层，烤约13分钟即可。

烘焙妙招

切饼干坯的时候不要拖动，以免破坏饼干的形状。

菊花饼干

烘焙：25分钟 难易度：★★☆

材料

无盐黄油30克，糖粉25克，色拉油20毫升，水20毫升，低筋面粉85克，芝士粉5克，奶粉1克，草莓果酱适量

做法

1 将已放于室温软化的无盐黄油倒入钢盆中。
2 将糖粉过筛至钢盆中，翻拌均匀，改用电动打蛋器搅打至材料呈乳白色。
3 先后分两次加入色拉油和水，搅拌至无液状态。
4 将低筋面粉、芝士粉、奶粉过筛至钢盆中，翻拌至无干粉的状态。
5 将面糊装入套有裱花嘴的裱花袋中。
6 取烤盘，盘中铺上油纸，在油纸上挤出大小一致的菊花形面糊。
7 在菊花面糊中间挤上适量草莓果酱作为装饰，制成菊花饼干坯。
8 将烤盘放入已预热至160℃的烤箱中层，烤约25分钟至表面上色，取出稍稍冷却即可食用。

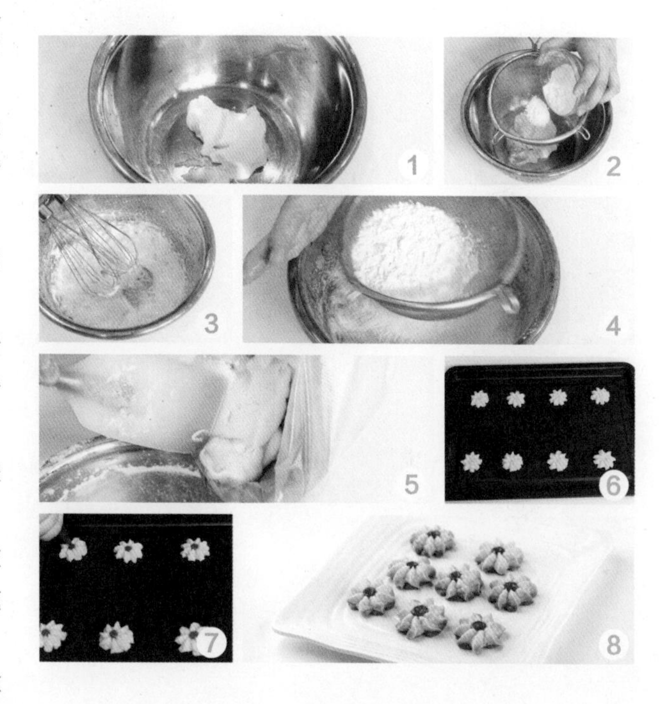

烘焙妙招

挤花的形状可以随意，不同的花嘴造型不同。

玛格丽小饼干

烘焙：15分钟　难易度：★☆☆

材料

低筋面粉50克，玉米淀粉50克，无盐黄油50克，糖粉20克，熟蛋黄1个，盐少许

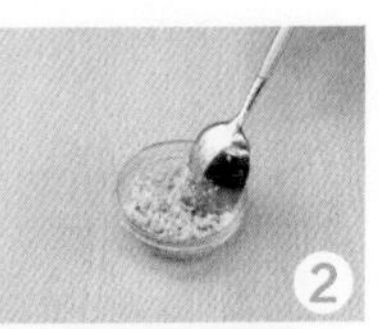
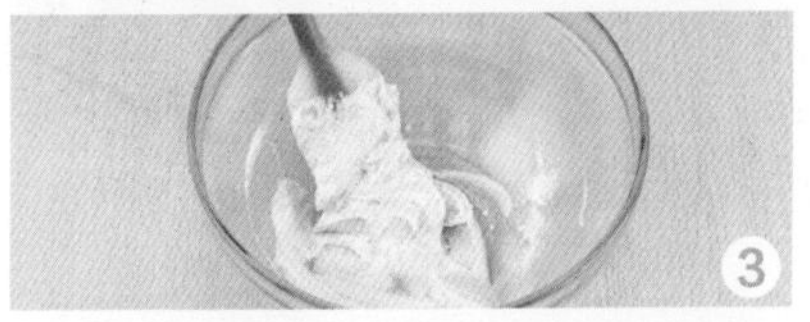

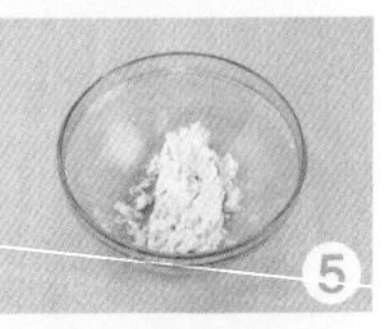
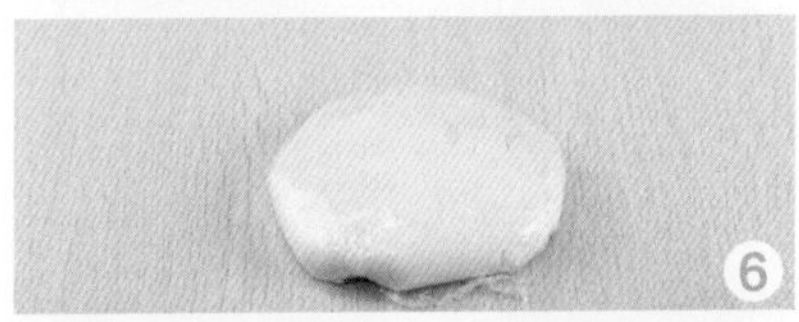
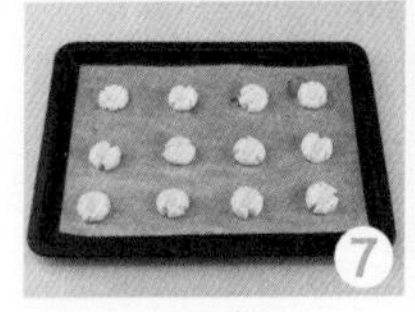
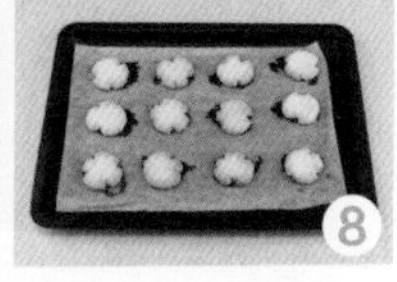

做法

1 将无盐黄油、糖粉倒入大玻璃碗中，用电动打蛋器搅打至微微发白。

2 用勺子将熟蛋黄按压成泥，再将蛋黄泥倒入大玻璃碗中，用橡皮刮刀翻拌均匀。

3 倒入盐，搅拌均匀。

4 将低筋面粉、玉米淀粉过筛至碗里，用橡皮刮刀翻拌成无干粉的面团。

5 取出面团，用保鲜膜包裹好，放入冰箱冷藏约30分钟。

6 取出面团，撕开保鲜膜，摘取约14克一个的面团放在掌心搓圆。

7 将搓圆的面团放在铺有油纸的烤盘上，用手轻轻压扁。

8 将烤盘移入已预热至170℃的烤箱中层，烤约15分钟即可。

摩卡腰果饼干

烘焙：10分钟　难易度：★☆☆

材料

低筋面粉70克，糖粉30克，盐1克，鸡蛋液10克，无盐黄油40克，浓缩咖啡液4克，腰果碎适量

做法

1 将温室软化的黄油倒入调理碗中加入糖粉和盐搅拌均匀。
2 加入蛋液搅拌均匀。
3 倒入浓缩咖啡液继续搅拌均匀。
4 筛入低筋面粉，用橡皮刮刀搅拌均匀，再用手揉搓。
5 加入已捣碎的腰果继续用手揉搓滚成圆筒状。
6 将面团放在保鲜膜上用擀面杖擀成长方形。
7 再将面团卷起并用保鲜膜装好。
8 放入冰箱冷冻1小时左右取出切块，最后放进预热至180℃的烤箱中烘烤约10分钟即可。

烘焙妙招

可以在入烤箱前，在饼干表面放上少许腰果碎。

杏仁意式脆饼

烘焙：10分钟　难易度：★☆☆

材料

低筋面粉75克，高筋面粉75克，蛋黄（2个）36克，蛋白（1个）35克，无盐黄油60克，香草精1克，细砂糖适量，杏仁片少许，泡打粉适量，鸡蛋液适量

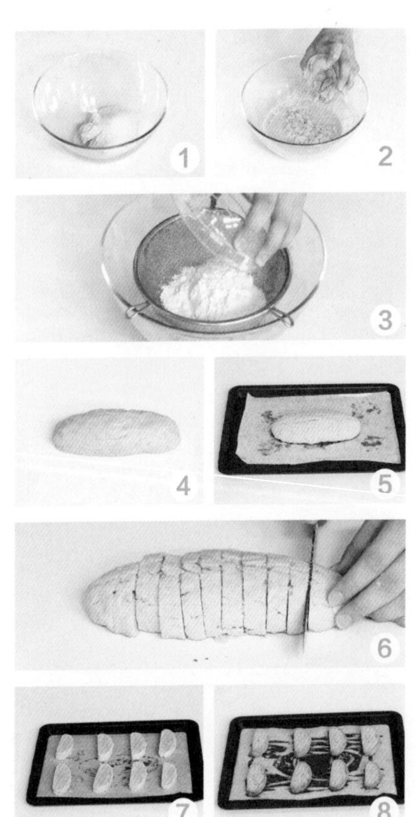

做法

1 将室温软化的无盐黄油和细砂糖倒入大玻璃碗中，用橡皮刮刀翻拌均匀。
2 倒入蛋黄和蛋白，再滴入几滴香草精，用手动打蛋器搅打均匀，倒入杏仁片，搅拌均匀。
3 将高筋面粉、低筋面粉、泡打粉过筛至碗里，用橡皮刮刀翻拌成无干粉的面团。
4 取出面团放在干净的操作台上，再将其揉搓成纺锤状。
5 将面团放在铺有油纸的烤盘上，放入冰箱冷藏约60分钟至变硬。
6 取出面团，切成厚度约为5厘米的圆片状，再放回到铺有油纸的烤盘上。
7 在饼干坯表面刷上鸡蛋液。
8 将烤盘放入已预热至180℃的烤箱中层，烤约10分钟即可。

抹茶榛果小熊饼干

烘焙：12分钟　难易度：★☆☆

材料

低筋面粉55克，糖粉38克，牛奶7毫升，无盐黄油30克，盐1克，香草精2克，榛果15克，抹茶粉3克

做法

1 将无盐黄油用橡皮刮刀刮入大碗中，搅拌均匀，将糖粉过筛到无盐黄油上，混合均匀，加入盐，搅拌均匀。

2 少量多次倒入牛奶，拌均匀，使牛奶被完全吸收，加入香草精，拌匀调味。

3 将榛果切碎，榛果碎倒入大碗中拌匀。

4 将抹茶粉、低筋面粉过筛至大碗中，用橡皮刮刀将材料翻拌至呈无干粉的状态。

5 用手揉成光滑的面团，操作台上铺上保鲜膜，放上面团，将面团擀成厚度为0.3厘米的面皮。

6 用小熊模具按压出数个小熊饼干坯，再用小鱼模具按压出数条小鱼饼干坯，用保鲜膜包住整块面皮，移入冰箱冷藏5分钟后取出。

7 烤盘铺上油纸，将小熊面皮摆在油纸上，再放上小鱼，用牙签戳出小熊的眼睛、鼻子、耳朵。

8 将小熊的双手固定在小鱼上，再用牙签在小鱼上戳出眼睛，移入预热至170℃的烤箱中层，烤10～12分钟即可。

抹茶红豆饼干

烘焙：18分钟　难易度：★☆☆

材料

蓬莱米粉60克，抹茶粉2克，无盐黄油30克，糖粉28克，蛋黄液30克，熟红豆15克

做法

1. 将已放于室温软化的无盐黄油倒入钢盆中，再将糖粉过筛至钢盆中，用橡皮刮刀翻拌均匀。
2. 倒入蛋黄液，搅拌均匀。
3. 先后将蓬莱米粉、抹茶粉过筛至钢盆中拌匀。
4. 持续搅拌一会儿，用手抓成团，倒入熟红豆，用手揉匀面团。
5. 将面团装入保鲜袋中，再用擀面杖擀平，移入冰箱冷冻约1个小时。
6. 将冷冻好的面团从保鲜袋里取出，切成方块，制成饼干坯。
7. 取烤盘，铺上油纸，再放上饼干坯，移入已预热至170℃的烤箱中层，烤15～18分钟至表面上色。
8. 待时间到，取出烤熟上色的饼干食用即可。

烘焙妙招

饼干坯冷冻切块的最佳状态是摸上去有一点硬。

兔兔夹心饼

烘焙：12分钟　难易度：★★☆

材料

低筋面粉90克，全蛋液25克，无盐黄油45克，细砂糖30克，玉米淀粉10克，盐1克，泡打粉1克，猕猴桃酱适量，草莓粉少许，糖粉少许，果膏适量

做法

1 将无盐黄油、细砂糖倒入大玻璃碗中，用电动打蛋器搅打均匀。

2 倒入盐，搅打均匀；分2次倒入全蛋液，均搅打均匀。

3 将低筋面粉、玉米淀粉、泡打粉过筛至碗里，翻拌均匀成无干粉的面团。

4 将保鲜膜铺在干净的操作台上，放上面团，用擀面杖擀成厚薄一致（厚度约为3毫米）的薄面皮。

5 用花形压模按压出8个花形饼干坯；在其中4个饼干坯上，用兔子形状压模按压出兔子饼干坯。

6 将兔子饼干坯放在铺有油纸的烤盘上，再放入已预热至180℃的烤箱中层烤约8分钟后取出。

7 将剩余的饼干坯放在铺有油纸的烤盘上，再放入已预热至180℃的烤箱中层烤约12分钟后取出。

8 取出兔子饼干坯，用细刷将草莓粉均匀涂抹在兔子脸上画出腮红，将果膏挤在上面画出眼睛和鼻子。

9 将糖粉筛在中间被取出兔子图案的花形饼干上。

10 取适量猕猴桃酱涂在完整的花形饼干上，再盖上筛上了糖粉的花形饼干。将做好的饼干一同摆在容器上即可。

莲蓉酥

烘焙：30分钟　难易度：★☆☆

材料

无盐黄油32克，砂糖37克，小苏打粉0.5克，泡打粉1.5克，全蛋液12克，低筋面粉67克，白莲蓉适量，蛋黄液少许

做法

1 将已放于室温软化的无盐黄油倒入钢盆中，再倒入砂糖，用电动打蛋器搅打至呈乳白色。

2 分2次倒入全蛋液，边倒边搅打，至无液体状。

3 将小苏打粉、泡打粉、低筋面粉过筛至钢盆里，以软刮翻拌成无干粉的面团。

4 取出面团放在铺有高温布的操作台上，揉搓至光滑，面团搓成长条状，用刮刀切成大小一致的小面团。

5 将莲蓉放在铺有高温布的操作台上，再揉搓成长条状。

6 用刮刀将莲蓉切成大小一致的块，即成莲蓉馅。

7 将莲蓉馅包入小面团中，再放入铺有油纸的烤盘上静置一会儿。

8 面团表面刷上一层蛋黄液，移入预热至150℃的烤箱中层，烤约30分钟至熟即可。

烘焙妙招

每个烤箱的温度有稍许误差，建议买烤箱温度计来测温。

白巧布林圈饼干

烘焙：25分钟　难易度：★★☆

材料

低筋面粉130克，黑布林酱20克，无盐黄油120克，糖粉70克，盐1克，蛋白30克，白巧克力适量，杏仁片少许

做法

1 将室温软化的无盐黄油放入大玻璃碗中，用电动打蛋器搅散。

2 倒入糖粉，搅打至混匀，倒入盐，搅打均匀，倒入蛋白，持续搅打一会儿。

3 将一半的低筋面粉过筛至碗中，搅拌均匀。

4 倒入黑布林酱，用手动打蛋器搅拌均匀。

5 将剩余低筋面粉过筛至碗中，充分搅拌均匀，制成曲奇面糊。

6 将面糊装入套有大号圆齿裱花嘴的裱花袋里。

7 取烤盘，铺上油纸，挤出12个圆圈形的曲奇坯，将烤盘放入已预热至170℃的烤箱中层，烘烤约25分钟，取出。

8 将白巧克力装入小钢锅中，再隔热水搅拌至溶化。

9 将曲奇的一半压入白巧克力里，提起沥干后摆放在铺有油纸的操作台上。

10 将杏仁片捏碎后放在蘸有巧克力的一边作装饰即可。

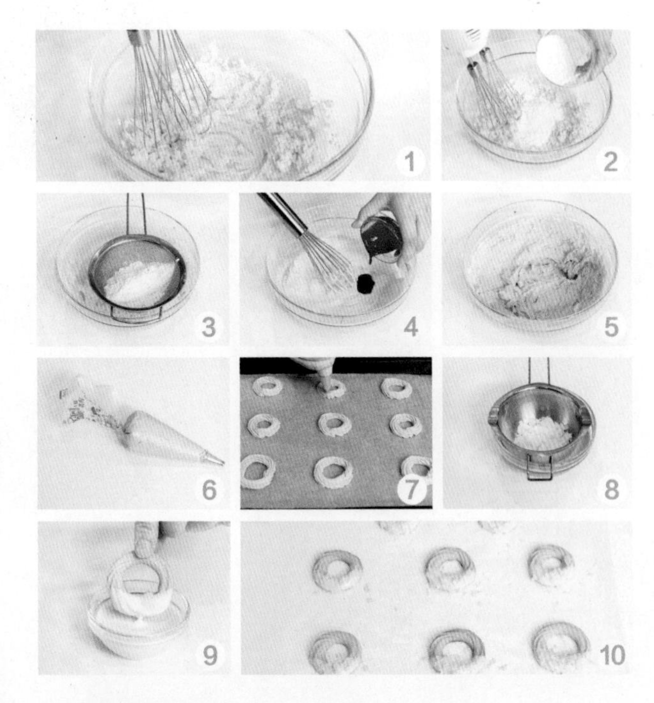

匈牙利松子饼

烘焙：15分钟 难易度：★☆☆

材料

低筋面粉160克，全蛋液45克，无盐黄油80克，糖粉45克，匈牙利红椒粉5克，松子35克，黑芝麻25克，盐0.5克

做法

1 将室温软化的无盐黄油、糖粉、盐倒入大玻璃碗中，用橡皮刮刀翻拌至混合均匀，再改用电动打蛋器搅打均匀。

2 边倒入全蛋液边搅打均匀。

3 将低筋面粉过筛至碗中，用橡皮刮刀翻拌成无干粉的面团。

4 倒入黑芝麻和松子，继续翻拌至混合均匀。

5 将面团分成约15克一个的小面团。

6 小面团搓圆后再放在铺有油纸的烤盘上，均匀撒上匈牙利红椒粉。

7 将烤盘放入已预热至180℃的烤箱中层，烤约15分钟至上色即可。

烘焙妙招

松子可以换成榛果、杏仁、开心果等其他坚果。

陈皮娃娃饼干

烘焙：13分钟　难易度：★☆☆

材料

无盐黄油50克，糖粉25克，牛奶15毫升，低筋面粉75克，奶粉10克，陈皮碎10克

做法

1 将已放于室温软化的无盐黄油倒入钢盆中。
2 再将糖粉过筛至钢盆中，用电动打蛋器搅打至呈乳白色。
3 分2次倒入牛奶，边倒边搅打。
4 倒入陈皮碎，再将低筋面粉、奶粉过筛至钢盆里，以软刮翻拌至无干粉，用手揉搓成面团。
5 取出面团放在铺有高温布的操作台上，揉搓成光滑的面团，再用擀面杖擀成厚薄一致的薄面皮。
6 用模具压出数个饼干坯。
7 取烤盘，铺上油纸，再取出饼干坯摆好。
8 将烤盘移入已预热至170℃的烤箱中层，烤约13分钟至熟即可。

烘焙妙招

饼干的造型可以改变，重点是每块饼干的大小要均匀。

德国乡村杂粮酥饼

烘焙：12分钟　难易度：★☆☆

材料

奶油75克，细砂糖45克，全蛋液35克，牛奶8毫升，低筋面粉90克，纯裸麦粉35克

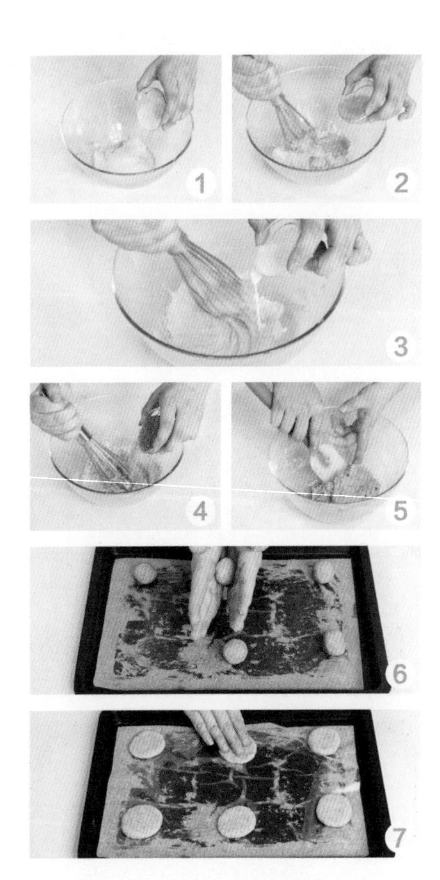

做法

1 将细砂糖和奶油倒入大玻璃碗中，用手动搅拌器搅拌均匀。
2 边倒入蛋液边搅拌均匀。
3 倒入牛奶，拌匀。
4 倒入纯裸麦粉，再将低筋面粉过筛至碗里。
5 用软刮翻拌成无干粉的面团。
6 摘取面团，揉搓成乒乓球大小的面团，放在铺有油纸的烤盘上。
7 用手将面团轻轻压扁，再移入已预热至180℃的烤箱中层，烤约12分钟至上色即可。

烘焙妙招

烤箱的温度一定要控制好，以免烤焦。

南瓜乳酪饼干

烘焙：23分钟　难易度：★☆☆

材料

有盐黄油50克，麦芽糖醇80克，全蛋液10克，低筋面粉130克，南瓜泥60克，杏仁粉15克，乳酪粉10克

做法

1 倒入有盐黄油、麦芽糖醇拌匀，打发均匀，分次加入全蛋液，打发至完全乳化。
2 倒入南瓜泥用软刮搅拌均匀。
3 倒入杏仁粉、乳酪粉，用软刮搅拌均匀，筛入低筋面粉。
4 搅拌成均匀的面团，取出放在切板上用擀面杖擀平。
5 用小鹿模具在擀平的面团上裁切出小鹿形状的面皮。
6 放在铺好油纸的烤盘上（要注意摆放间隙）。
7 放入冰箱冷藏至面皮变硬。
8 放入预热至170℃的烤箱中烤约23分钟即可。

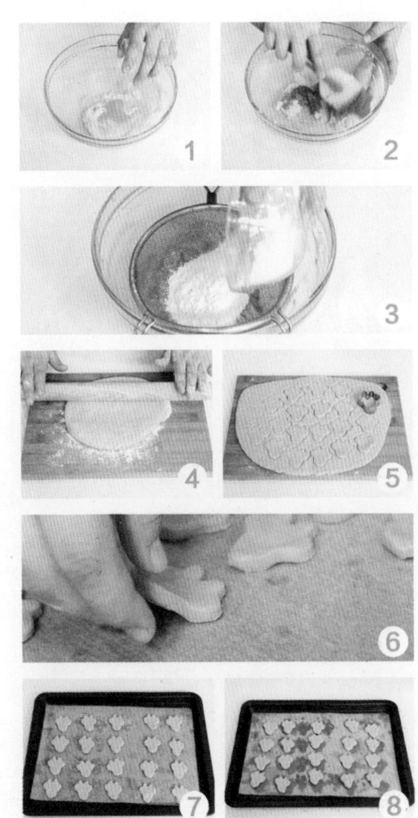

烘焙妙招

取出饼坯的时候动作要轻柔，以免破坏饼坯的外观。

黄豆粉饼干

烘焙：15分钟　难易度：★☆☆

材料

饼干面团：低筋面粉70克，黄豆粉40克，杏仁粉30克，糖粉60克，盐0.5克，蛋黄30克，无盐黄油60克，香草精3克；**表面：**黄豆粉20克，糖粉10克

做法

1 将无盐黄油倒入碗里，再倒入糖粉，用橡皮刮刀搅拌均匀。
2 加入盐、蛋黄，用手动打蛋器搅拌均匀。
3 加入香草精去除腥味。
4 筛入黄豆粉、低筋面粉、杏仁粉，再用橡皮刮刀搅拌成均匀的面团。
5 用擀面杖将面皮擀成厚约2厘米的面皮。
6 再把面皮切成小方块，置于烤盘上。
7 放进预热至175℃的烤箱中，烘烤12～15分钟。
8 取出撒上混合后的黄豆粉和糖粉装饰即可。

烘焙妙招

因烤盘温度较高，要戴上隔热手套取出，以免烫伤手。

迷彩心

烘焙：15分钟　难易度：★☆☆

材料

无盐黄油30克，糖粉25克，低筋面粉80克，奶粉8克，抹茶粉3克，可可粉3克，牛奶18毫升

做法

1 将无盐黄油、糖粉倒入大玻璃碗中，用橡皮刮刀拌匀，再用电动打蛋器搅打均匀。

2 倒入牛奶，继续用电动打蛋器搅打均匀。

3 将低筋面粉、奶粉过筛至碗里。

4 用橡皮刮刀翻拌均匀成无干粉的面团，分成两等份，取其中一个面团再次分成两等份，即成四个原味面团。

5 取其中一个小的原味面团按扁，放上可可粉，揉搓、滚圆成可可面团；取另一个小的原味面团按扁，放上抹茶粉，滚圆成抹茶面团。

6 操作台上铺上保鲜膜，放上原味面团稍稍擀平，再分别揪取另两种面团摆放在原味面团上，用保鲜膜擀平成一张厚薄一致的薄面皮。

7 用爱心压模按压出数个爱心饼干坯。

8 取烤盘，铺上油纸，放上爱心饼干坯，将烤盘放入已预热至160℃的烤箱中层，烤约15分钟即可。

胚芽奶酥

烘焙：18分钟　难易度：★☆☆

材料

低筋面粉90克，胚芽30克，杏仁粉14克，无盐黄油50克，细砂糖35克，全蛋液25克，泡打粉1克

做法

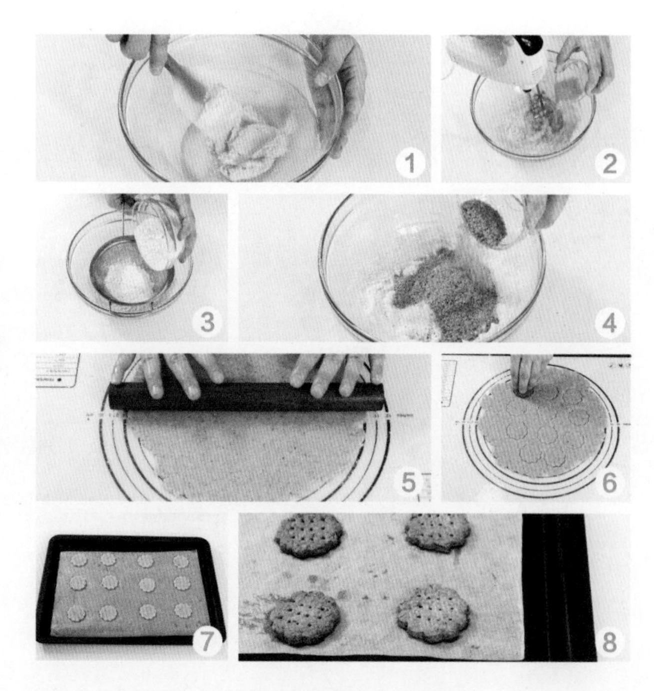

1. 将无盐黄油、细砂糖倒入大玻璃碗中，用橡皮刮刀翻拌均匀。
2. 分2次倒入全蛋液，用电动打蛋器翻拌均匀。
3. 将低筋面粉、杏仁粉、泡打粉过筛至碗里。
4. 碗中再倒入胚芽，用橡皮刮刀翻拌均匀成面团。
5. 取出面团放在干净的操作台上，用擀面杖擀成厚薄一致的面皮。
6. 用模具按压出数个造型饼干坯，取烤盘，铺上油纸，放上饼干坯。
7. 用叉子逐一插上孔。
8. 将烤盘放入已预热至170℃的烤箱中层，烤约18分钟。

烘焙妙招

为饼干戳上透气孔，是为了防止干性饼干断裂。

地瓜铜球

烘焙：12分钟　难易度：★☆☆

材料

地瓜500克，糖粉30克，盐1克，蛋黄20克，鲜奶油50克，黑芝麻适量

做法

1 将煮熟的地瓜过筛成泥状。
2 加入糖粉、盐搅拌均匀。
3 加入蛋黄，搅拌成均匀的面糊。
4 加入鲜奶油调整浓度，搅拌均匀。
5 装入裱花袋中，并装上花嘴。
6 在铺好油纸的烤盘上挤出圆形玫瑰纹，并在上面撒上黑芝麻。
7 放进预热至175℃的烤箱中，烘烤12分钟即可。

烘焙妙招

烘烤时，注意观察饼干坯上色的状况。

奶香桃酥

烘焙：15分钟　难易度：★☆☆

材料

无盐黄油38克，细砂糖27克，小苏打粉0.5克，全蛋液5克，低筋面粉42克，奶粉7克，海绵蛋糕碎25克，核桃碎20克，泡打粉2克，蛋黄液少许

做法

1 将已放于室温软化的无盐黄油倒入钢盆中。
2 再倒入砂糖、泡打粉，用电动打蛋器搅打至材料混合均匀。
3 分2次加入全蛋液，边倒边搅打。
4 放入海绵蛋糕碎、核桃碎。
5 将小苏打粉、低筋面粉、奶粉过筛至钢盆里，以软刮翻拌至无干粉，用手揉搓成面团。
6 取出面团放在操作台上，继续揉搓成长条状，分切成数个大小一致的块，再搓成圆面团。
7 取烤盘，铺上油纸，再将圆面团沾裹上一层蛋黄液后摆在油纸上。
8 移入已预热至170℃的烤箱中层，烤约15分钟至熟后取出即可。

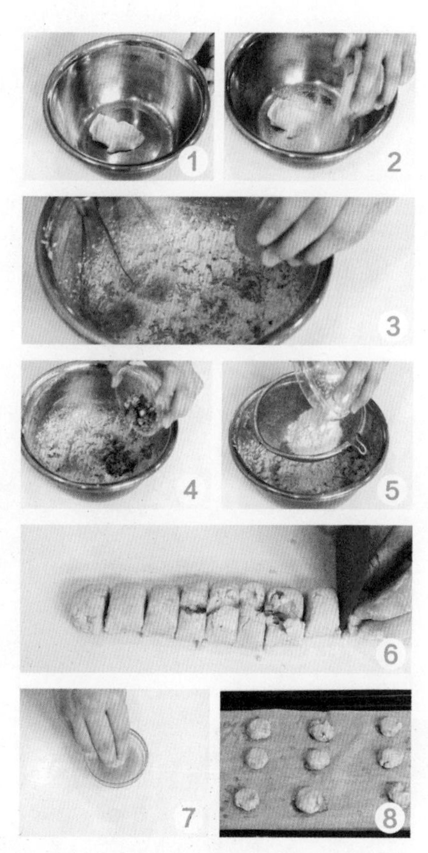

烘焙妙招

制作面团时，可注入少许温水，这样糖分更易溶化。

起司十字饼干

烘焙：20分钟 难易度：★☆☆

材料

无盐黄油80克，糖粉40克，泡打粉0.5克，全蛋液50克，牛奶100毫升，低筋面粉100克，起司粉10克，蛋黄液适量

做法

1. 将已放于室温软化的无盐黄油倒入钢盆中。
2. 再将糖粉过筛至钢盆中，倒入泡打粉，以软刮翻拌均匀，用电动打蛋器搅打均匀。
3. 分2次倒入全蛋液，边倒边搅打均匀。
4. 分2次倒入牛奶，边倒边搅打均匀。
5. 将起司粉、低筋面粉过筛至钢盆里，以软刮翻拌至无干粉，即成面团。
6. 摘取面团放在手心里搓成小的圆面团，放在铺有油纸的烤盘上。
7. 用刮板压出“十”字形，静置一会儿。
8. 在圆面团表面刷上蛋黄液，将烤盘移入已预热至150℃的烤箱中层，烤约20分钟至熟即可。

烘焙妙招

烤箱的温度不宜过高，否则容易将饼干烤焦。

巧克力摩卡饼干

烘焙：16分钟　难易度：★★☆

材料

无盐黄油45克，白糖20克，全蛋液30克，低筋面粉125克，泡打粉1克，盐0.5克，牛奶6毫升，即溶咖啡1.5克，核桃碎25克，巧克力碎15克

做法

1 将已放于室温软化的无盐黄油倒入钢盆中。

2 将白糖过筛至钢盆里，倒入全蛋液，用电动打蛋器搅打均匀。

3 牛奶加入即溶咖啡，搅拌均匀，再倒入钢盆里，用电动打蛋器搅打均匀。

4 将低筋面粉、泡打粉过筛至钢盆里，再加入盐，以软刮翻拌至无干粉。

5 倒入核桃碎、巧克力碎，搅拌均匀成面团。

6 用手将面团揉搓成长圆柱状的面团，再用油纸包裹起来，移入冰箱冷藏1个小时。

7 取出面团，切成厚度约为0.8厘米的饼干坯。

8 取烤盘，铺上油纸，放上饼干坯，移入预热至170℃的烤箱中层，烤16分钟至表面呈金黄色即可。

烘焙妙招

黄油打发前可以隔80℃热水稍微软化5分钟。

巧克力豆乳饼干

烘焙：10分钟　难易度：★☆☆

材料

亚麻籽油30克，低筋面粉103克，豆乳25克，核桃碎30克，巧克力豆（切碎）40克，蜂蜜40克，苏打粉2克，泡打粉1克，盐适量

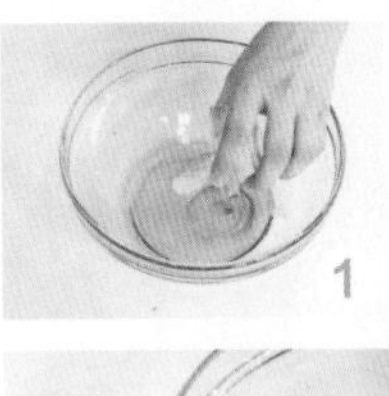

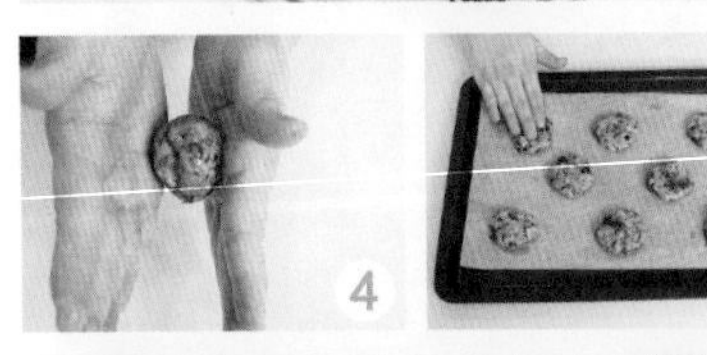

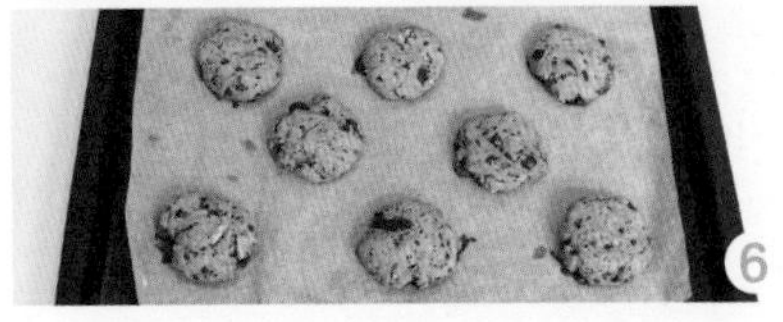

做法

1 将亚麻籽油、豆乳、蜂蜜、盐倒入大玻璃碗中，用手动打蛋器搅拌均匀。

2 将低筋面粉、泡打粉、苏打粉过筛至碗里，以软刮翻拌成无干粉的面团。

3 倒入巧克力碎、核桃碎，继续翻拌均匀。

4 摘取约30克的面团用手揉搓成小的圆形面团，再压扁，放在铺有油纸的烤盘上。

5 将烤盘放入已预热至180℃的烤箱中层，烤约10分钟至上色。

6 待时间到，即成巧克力豆乳饼干，取出烤好的饼干装入盘中即可。

烘焙妙招

烤箱的容积越大，预热的时间就越长。

巧克力腰果饼干

烘焙：25分钟　难易度：★☆☆

材料

无盐黄油62克，糖粉33克，全蛋液33克，低筋面粉50克，可可粉4克，腰果适量

做法

1 将已放于室温软化的无盐黄油倒入钢盆中。
2 再将糖粉过筛至钢盆里，用电动打蛋器搅打至材料呈乳白色状。
3 分两次倒入全蛋液，边倒边搅打。
4 将低筋面粉、可可粉过筛至钢盆里，用橡皮刮刀翻拌至无干粉状（也可用电动打蛋器快速搅打均匀）。
5 将面糊装入套有裱花嘴的裱花袋里。
6 在烤盘上挤出大小一致的饼干坯。
7 再放上腰果作装饰，将烤盘移入已预热至160℃的烤箱中层，烤约25分钟至表面上色。
8 待时间到，取出烤好的饼干，稍稍放凉后食用即可。

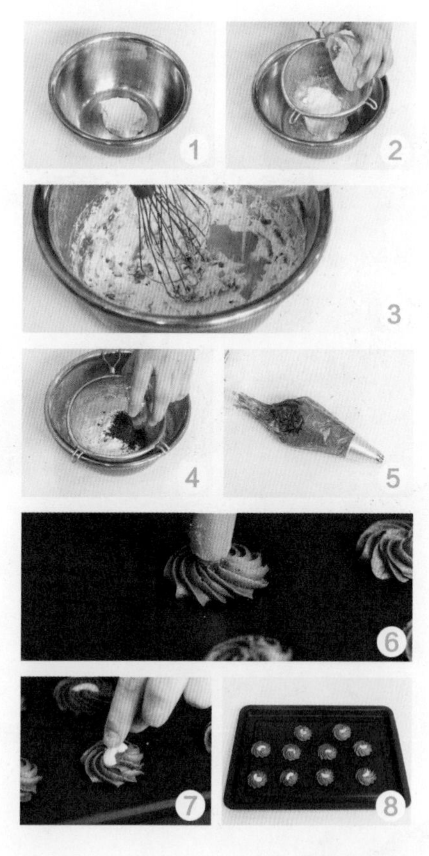

烘焙妙招

饼干烤好后，待其完全放凉后再食用。

夏日西瓜饼干

烘焙：15分钟　难易度：★★☆

材料

无盐黄油80克，糖粉40克，低筋面粉130克，泡打粉2克，奶粉30克，玉米淀粉10克，盐1克，全蛋液30克，抹茶粉8克，草莓粉8克，黑芝麻少许

做法

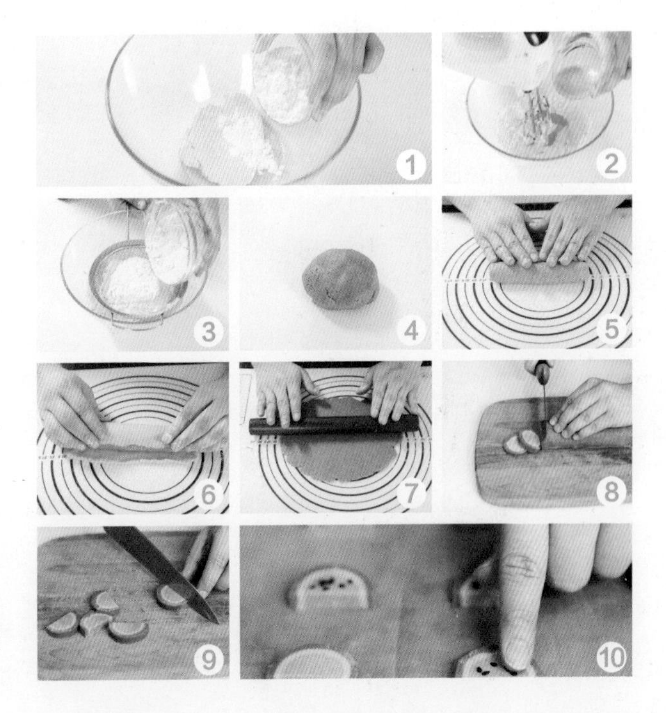

1 将无盐黄油、糖粉倒入大玻璃碗中，用橡皮刮刀翻拌几下，改用电动打蛋器搅打至混合均匀。

2 倒入盐，分2次倒入全蛋液，搅打至混合均匀。

3 将奶粉、泡打粉、玉米淀粉、低筋面粉过筛至碗里，用橡皮刮刀翻拌成面团。

4 取三分之一的面团，按扁后放上抹茶粉，揉搓均匀，制成抹茶面团。

5 再取三分之一的面团，按扁后放上草莓粉，揉搓均匀，搓圆搓成圆柱状，制成草莓面团。

6 将剩余面团取出放在干净的操作台上，用擀面杖擀成厚薄一致的薄面皮，放上草莓面团，将原味面团包裹住草莓面团，用刀修剪两端。

7 取出抹茶面团放在操作台上，用擀面杖擀成厚薄一致的薄面皮，再放上步骤6中的面团，将三种面团滚成一个圆柱状的面团，用刀修剪一下两端。

8 放入冰箱冷冻约2个小时至变硬，取出冷冻好的面团，切成厚薄一致的块。

9 再对半切开放在铺有油纸的烤盘上摆好。

10 依次将黑芝麻按压在饼干坯表面，制成西瓜饼干坯。将烤盘放入已预热至175℃的烤箱中烤约15分钟即可。

双色曲线酥

烘焙：25分钟 难易度：★★☆

材料

低筋面粉100克，全蛋液35克，糖粉60克，无盐黄油70克，香草精1毫升，泡打粉4克，可可粉4克

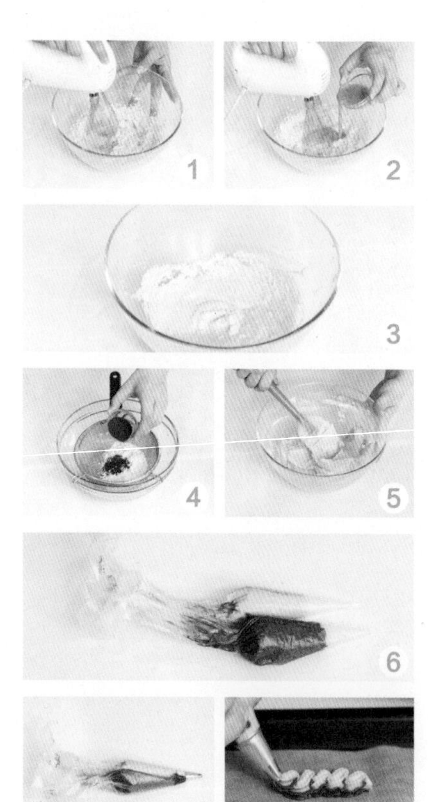

做法

1 将无盐黄油、糖粉倒入大玻璃碗中，用电动打蛋器低速搅打均匀。

2 分3次倒入全蛋液，每次均充分搅拌均匀，直至搅打成均匀的糊状，倒入香草精，用手动打蛋器搅拌均匀，制成黄油蛋糊。

3 黄油蛋糊分成两等份，分别装入两个玻璃碗中。

4 将50克低筋面粉、2克泡打粉、可可粉过筛至其中一个大玻璃碗里，翻拌均匀，制成可可面糊。

5 将50克低筋面粉、2克泡打粉过筛至另一个大玻璃碗里，用橡皮刮刀翻拌至无干粉，制成原味面糊。

6 分别将可可面糊、原味面糊装入裱花袋里，在裱花袋尖端处剪一个小口。

7 再将装入裱花袋的两种面糊装入一个套有圆齿裱花嘴的裱花袋里，在裱花袋尖端剪一小口。

8 取烤盘，铺上油纸，在油纸上挤出曲线饼干形状，将烤盘放入已预热至170℃的烤箱中层，烤约25分钟即可。

Part 5

打发空闲时间的零食

喜欢吃零食，但是又怕越吃越不健康？怕越吃越胖？自制零食有趣又健康！网络上、日常中颇具人气的零食，本章都有。选材易得、工具简便、成品健康，让新手面对零食，也不再手忙脚乱。自己动手做零食，唤起大家小时候的味觉回忆。

车轮小圆饼

烘焙：20分钟　难易度：★★☆

材料

无盐黄油80克，糖粉40克，全蛋液25克，低筋面粉110克，可可粉8克

做法

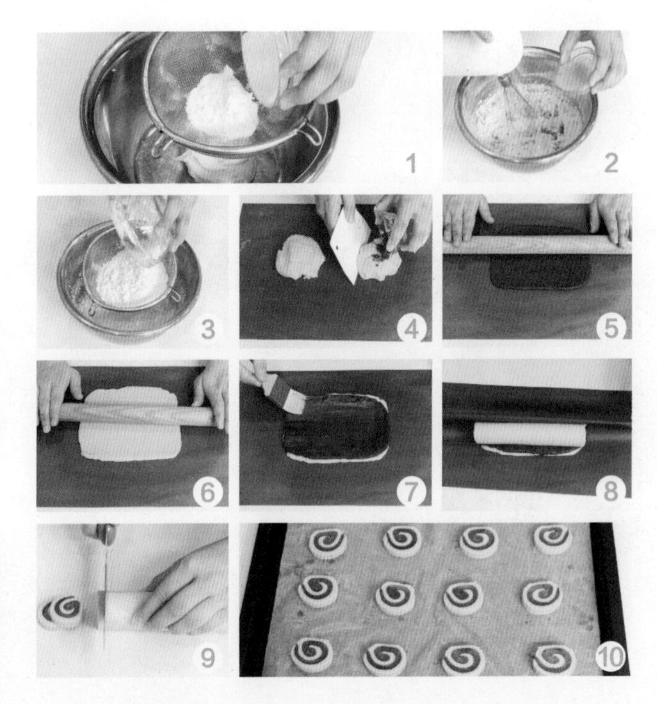

1 将已放于室温软化的无盐黄油倒入钢盆中，再将糖粉过筛至钢盆中，用电动打蛋器搅打均匀。
2 分2次倒入全蛋液，边倒边拌，拌至无液体状。
3 将低筋面粉过筛至钢盆里，以软刮翻拌至无干粉，制成面团。
4 取出面团，放在操作台上揉搓至光滑，再将面团分切成两等份。
5 取其中一份面团加入过筛的可可粉，揉搓均匀，再擀成厚薄一致的薄面皮，即成可可粉面皮。
6 取出另一份面团，揉搓均匀，擀成与可可粉面皮大小、厚薄一致的薄面皮，制成原色面皮，放在高温布上。
7 原色面皮上刷上少许水，将可可粉面皮放在原色面皮上，在表面刷少许水。
8 将面皮卷起，成圆柱状，移入冰箱冷冻至变硬。
9 取出切成厚薄一致的圆片，制成饼干坯，再放在铺有油纸的烤盘上。
10 将饼干坯移入已预热至180℃的烤箱中层，烤15~20分钟至熟即可。

核桃小点心

烘焙：25分钟　难易度：★☆☆

材料

无盐黄油50克，细砂糖30克，盐1克，全蛋液15克，低筋面粉75克，核桃碎30克

做法

1 将已放于室温软化的无盐黄油倒入钢盆中，倒入细砂糖，用橡皮刮刀拌匀，再改用电动打蛋器搅打一会儿。

2 倒入盐，分3次倒入全蛋液，边倒边用电动打蛋器搅打均匀，至无液状态。

3 倒入核桃碎拌匀，将低筋面粉过筛至钢盆中，用橡皮刮刀翻拌至无干粉状。

4 用手揉捏成面团，取出以折叠的方式揉成光滑面团。

5 搓成长条状，再分切成大小一致的小份。

6 取烤盘，将面团稍稍搓圆，放在烤盘上，再按扁。

7 放入预热至150℃的烤箱中烤约25分钟至表面上色。

8 待时间到，取出烤好的核桃小点心即可。

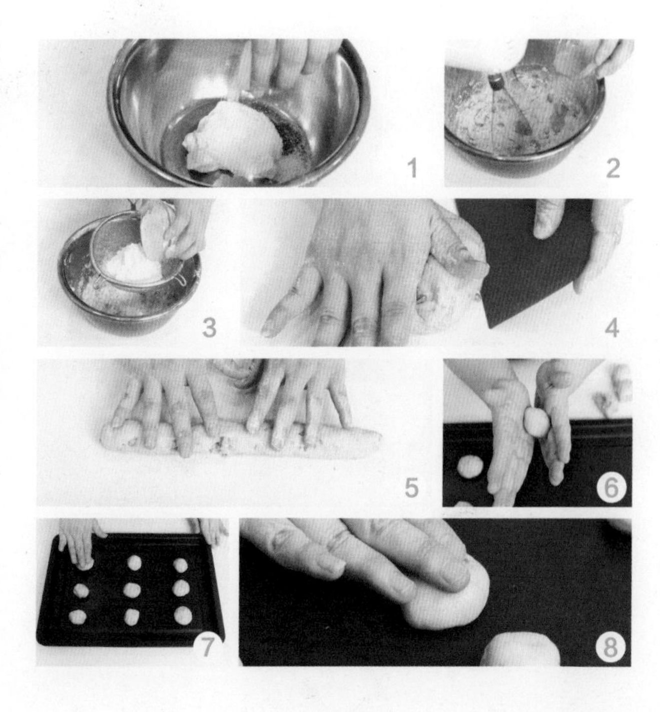

烘焙妙招

还可以加入其他坚果或者果干，风味更好。

豆乳饼

烘焙：20分钟　难易度：★☆☆

材料

低筋面粉75克，豆浆15毫升，蜂蜜35克，红豆馅适量，芥花籽油8毫升，香草油1毫升，泡打粉1克，黑芝麻10克，盐少许

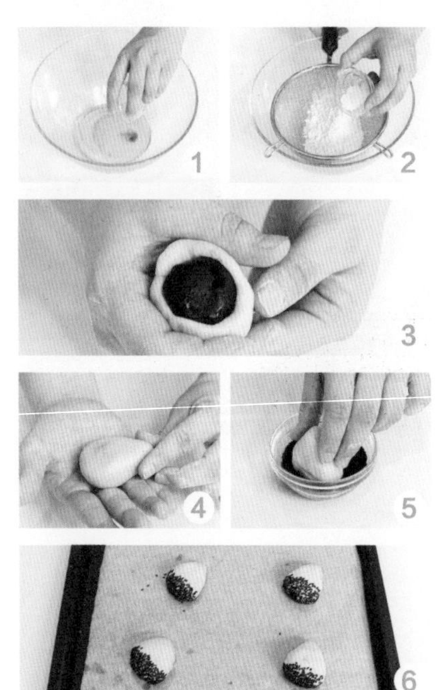

做法

1 将蜂蜜、芥花籽油、盐、豆浆、香草油倒入大玻璃碗中，用手动打蛋器搅拌均匀。

2 将低筋面粉、泡打粉过筛至碗里，以软刮翻拌成无干粉的面团。

3 摘取约35克的面团搓圆，再按扁，放入约20克的红豆馅。

4 包裹起来后搓成栗子形状。

5 在底部粘上一层黑芝麻，即成豆乳饼坯，依照此法完成剩余的面团。

6 将豆乳饼坯放在铺有油纸的烤盘上，将烤盘放入已预热至170℃的烤箱中层，烤约20分钟至上色即可。

咖啡烟卷

烘焙：9分钟　难易度：★☆☆

材料

细砂糖35克，蛋白50克，糖粉40克，芝士粉50克，速溶咖啡粉5克，低筋面粉12克，巧克力、核桃碎、玉米片各适量

做法

1. 将蛋白倒入玻璃碗中，打发至有不规则气泡，分2次加入细砂糖打发至干性发泡。
2. 筛入糖粉、低筋面粉、芝士粉、咖啡粉，搅拌成均匀的面糊。
3. 将面糊抹在4厘米的方形薄模片中，刮平。
4. 放进预热至180℃的烤箱中，烘烤7～9分钟。
5. 出炉后立即将薄片卷起，静置冷却。
6. 将巧克力加热溶化，将饼沾上巧克力液。
7. 将玉米片切碎，再裹上核桃碎，待巧克力固化即可。

烘焙妙招

烤盘放在烤箱中层为佳。

丹妮酥

烘焙：18分钟　难易度：★☆☆

材料

低筋面粉100克，杏仁粉10克，无盐黄油55克，细砂糖35克，全蛋液25克，硬糖少许

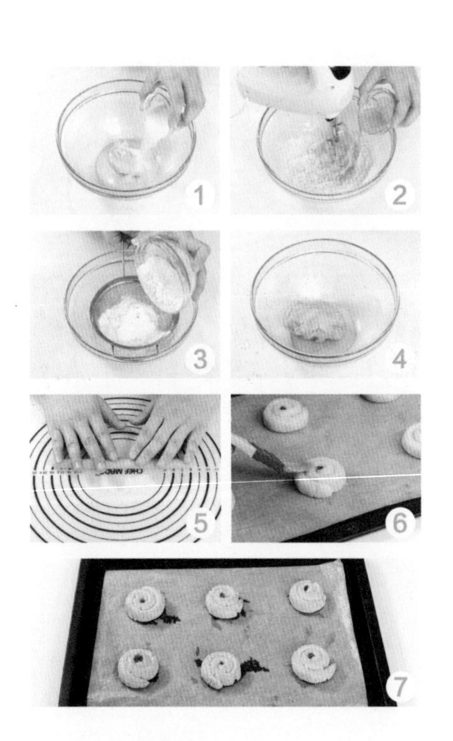

做法

1 将无盐黄油、细砂糖倒入大玻璃碗中，用橡皮刮刀翻拌均匀。

2 分2次倒入全蛋液，用电动打蛋器搅打均匀。

3 将低筋面粉过筛至碗里。

4 将杏仁粉过筛至碗里，用橡皮刮刀翻拌均匀成无干粉的面团。

5 摘取数个重约25克一个的小面团，放在干净的操作台揉搓成长条。

6 将长条面团盘起成圈，在中心放上少许硬糖，面团表面刷些许蛋液。

7 将烤盘放入已预热至180℃的烤箱中层，烤约18分钟即可。

红糖葡萄酥

烘焙：25分钟　难易度：★☆☆

材料

无盐黄油31克，红糖31克，泡打粉1克，全蛋液12克，低筋面粉40克，高筋面粉15克，葡萄干20克，核桃碎8克

做法

1 将已放于室温软化的无盐黄油倒入钢盆中。

2 将红糖过筛至钢盆中，倒入泡打粉，以软刮翻拌均匀，再改用电动打蛋器搅打均匀。

3 分2次加入全蛋液，边倒边搅打，倒入葡萄干、核桃碎。

4 将低筋面粉、高筋面粉过筛至钢盆里，以软刮翻拌至无干粉。

5 取出放在操作台上揉搓成长条状。

6 分切成数个大小一致的圆块面团。

7 取烤盘，铺上油纸，将圆块面团搓圆后放在油纸上，再压扁。

8 移入已预热至150℃的烤箱中层，烤约25分钟至熟后取出即可。

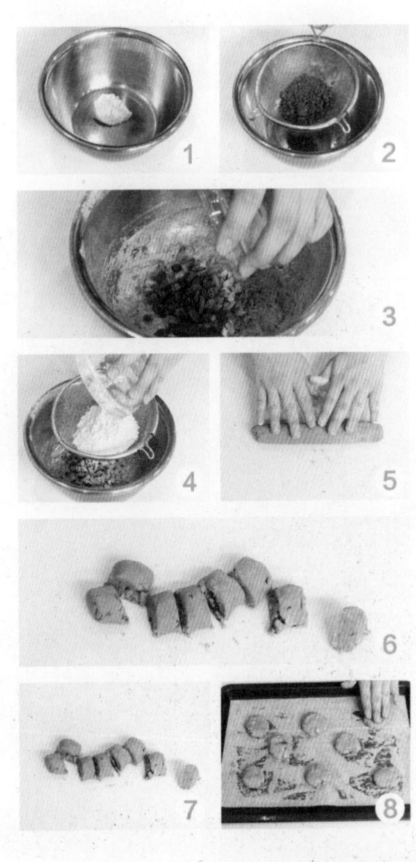

焦糖坚果挞

烘焙：25分钟　难易度：★★☆

材料

挞皮：无盐黄油25克，细砂糖25克，盐1克，全蛋液12克，低筋面粉50克；**内馅**：夏威夷果15克，杏仁15克，核桃10克，动物性淡奶油15克，细砂糖15克，蜂蜜15克，无盐黄油15克

做法

1 依次将溶化的无盐黄油、细砂糖、盐倒入大玻璃碗中，用软刮翻拌均匀，分2次加入全蛋液，边倒边搅拌均匀。

2 将低筋面粉过筛至大玻璃碗中，以软刮翻拌至无干粉。

3 用手将拌匀的材料揉搓成球形面团。

4 将面团放在操作台上，用擀面杖擀成厚薄一致的面皮。

5 用圆形模具在面皮上按压出数个挞皮坯。

6 平底锅垫上高温布，放上挞皮坯，用叉子在挞皮坯表面插上小孔。

7 盖上锅盖，用中小火煎约10分钟，即成挞皮。

8 将核桃、杏仁、夏威夷果倒入平底锅中，开中小火，用锅铲翻炒至上色，盛出。

9 另起平底锅加热，倒入动物性淡奶油、细砂糖、蜂蜜、无盐黄油，边加热边用软刮将材料翻拌均匀，倒入炒好的干果，翻拌均匀，即成内馅。

10 将炒好的内馅放在煎好的挞皮上即可。

蓝莓蛋挞

烘焙：25分钟 难易度：★☆☆

材料

原味挞皮6个，全蛋（2个）110克，淡奶油140克，牛奶56毫升，细砂糖25克，蓝莓干20克，朗姆酒4毫升

做法

1 将全蛋倒入大玻璃碗中，用手动打蛋器搅散。
2 将牛奶、细砂糖倒入平底锅中，拌匀，用中小火煮至沸腾，关火。
3 将煮好的牛奶缓慢倒入大玻璃碗中，边倒边搅拌均匀。
4 一边倒入淡奶油，一边搅拌均匀。
5 倒入朗姆酒，继续搅拌均匀，制成挞馅。
6 将挞馅过筛至量杯中，取烤盘，放上挞皮。
7 依次在挞皮里倒入挞馅、放上蓝莓干。
8 将烤盘放入已预热至200℃的烤箱中层，烤约25分钟至表面上色即可。

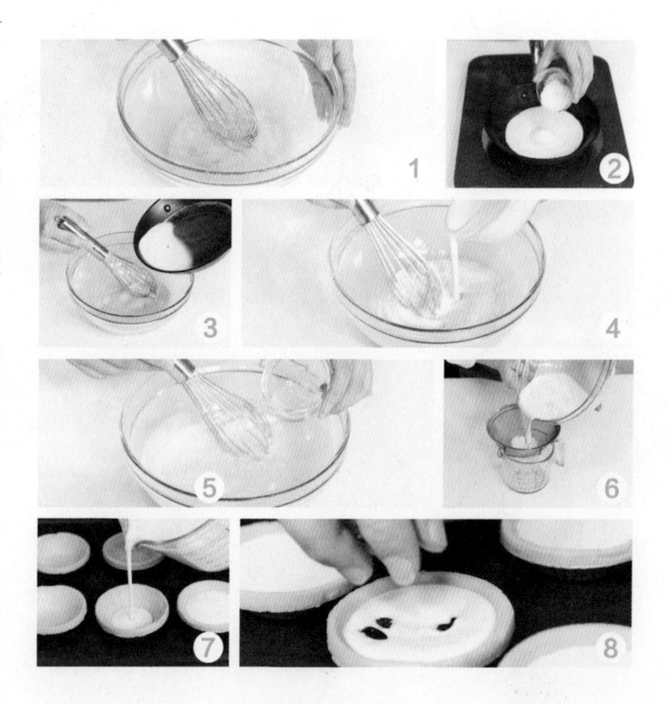

烘焙妙招

挞皮烤熟后会膨胀，所以倒入的蛋挞液至七八分满即可。

蓝莓司康

烘焙：20分钟 难易度：★☆☆

材料

低筋面粉185克，蓝莓干40克，芥花籽油30毫升，蜂蜜40克，柠檬汁8毫升，柠檬皮碎1克，盐0.5克，泡打粉2克，清水70毫升

做法

1 将芥花籽油、清水、蜂蜜、柠檬汁倒入大玻璃碗中，用手动打蛋器搅拌均匀。

2 倒入柠檬皮碎、盐，搅拌均匀。

3 将泡打粉、低筋面粉过筛至碗中，用软刮翻拌成无干粉的面团。

4 取出面团放在操作台上揉搓一会儿，按扁，放上蓝莓干。

5 继续揉搓至面团光滑，用刮板将面团分切成八等份。

6 取烤盘铺上油纸，放上分切好的面团，将烤盘放入已预热至180℃的烤箱中层，烤约20分钟即可。

蓝莓松饼

烘焙：30分钟　难易度：★☆☆

材料

低筋面粉120克，蓝莓汁120毫升，蓝莓25克，淀粉15克，芥花籽油30毫升，泡打粉1克，苏打粉1克，柠檬汁3毫升，盐0.5克

做法

1 将芥花籽油、柠檬汁、蓝莓汁倒入备好的大玻璃碗中。

2 倒入盐，拌匀。

3 将低筋面粉、泡打粉、苏打粉、淀粉过筛至大玻璃碗中，搅拌成无干粉的面糊。

4 将面糊装入裱花袋中，用剪刀在裱花袋尖端处剪一个小口。

5 取松饼纸杯，挤入面糊至九分满，再将松饼纸杯放在烤盘上，将蓝莓放在面糊上。

6 将烤盘放入已预热至180℃的烤箱中层，烤约30分钟，取出烤好的蓝莓松饼即可。

迷你抹茶奶酥

烘焙：15分钟　难易度：★☆☆

材料

低筋面粉105克，抹茶粉6克，奶粉10克，无盐黄油85克，糖粉50克，全蛋液47克，杏仁粒少许，盐2克

做法

1 将无盐黄油、糖粉倒入大玻璃碗中，用电动打蛋器搅打至发白。

2 分2次倒入全蛋液，用电动打蛋器搅打均匀。

3 倒入盐，继续搅打均匀。

4 将低筋面粉、抹茶粉、奶粉过筛至碗里，用橡皮刮刀翻拌均匀成面糊。

5 将面糊装入套有细圆齿裱花嘴的裱花袋里，用剪刀在裱花袋尖端处剪一个小口。

6 取烤盘，铺上油纸，在油纸上挤出大小一致的奶酥坯。

7 依次放上杏仁粒。

8 将烤盘放入已预热至170℃的烤箱中烤约15分钟即可。

烘焙妙招

若想让奶香味儿更浓郁，可以增加奶粉的用量。

巧克力费南雪

烘焙：15分钟　难易度：★☆☆

材料

蛋白40克，细砂糖45克，低筋面粉15克，可可粉5克，杏仁粉20克，无盐黄油55克，橙皮丁5克，巧克力豆5克

做法

1 将蛋白及细砂糖倒入搅拌盆中，搅拌至融合。
2 筛入低筋面粉、可可粉及杏仁粉，搅拌均匀。
3 将无盐黄油隔水加热至溶化，倒入步骤2中搅拌均匀。
4 将蛋糕糊倒入模具，至八分满。
5 撒上橙皮丁和巧克力豆，放入预热至170℃的烤箱中烘烤约15分钟即可

烘焙妙招

材料一定要搅拌均匀，这样做出的费南雪口感更佳。

蛋奶小馒头

烘焙：8分钟　难易度：★☆☆

材料

玉米淀粉140克，全蛋55克，无盐黄油40克，低筋面粉20克，蜂蜜6克，奶粉25克，糖粉35克，泡打粉1.5克

做法

1 将玉米淀粉、低筋面粉、奶粉、泡打粉、糖粉倒入大玻璃碗中，用手动打蛋器搅拌均匀。

2 将全蛋倒入干净玻璃碗中搅散。

3 往全蛋液中倒入蜂蜜，继续搅拌均匀。将拌匀的全蛋蜂蜜液倒入大玻璃碗中。

4 将隔热水溶化的无盐黄油倒入大玻璃碗中。

5 用橡皮刮刀翻拌均匀成无干粉的面团。

6 取出面团放在干净的操作台上，将其揉搓成长条状，用刮板将其分切成数个小面团。

7 将小面团搓圆后放在烤盘上摆好。

8 将烤盘放入已预热至175℃的烤箱中层，烤约8分钟，关火后不要开盖，用烤箱余温再焖5~10分钟，取出即可。

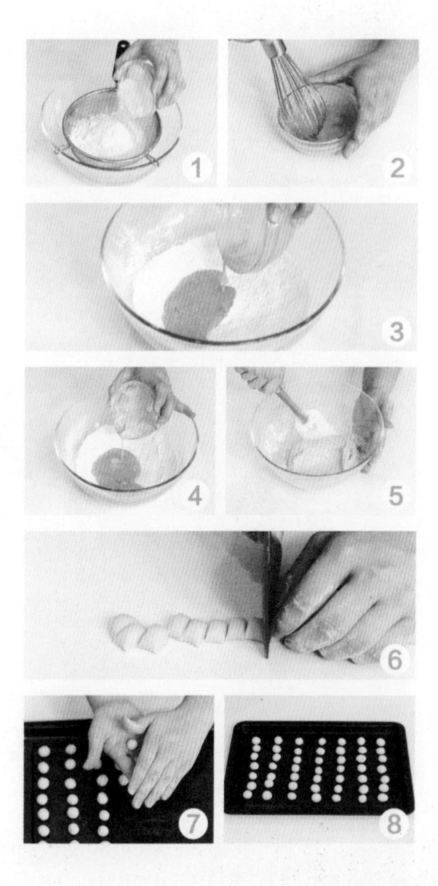

日式小鸡馒头

烘焙：15分钟　难易度：★★☆

材料

低筋面粉200克，莲蓉馅120克，全蛋55克，牛奶30毫升，无盐黄油25克，水麦芽糖24克，糖粉20克，炼奶25克

做法

1 将无盐黄油隔热水溶化。
2 将溶化的无盐黄油、糖粉、水麦芽糖、炼奶、牛奶倒入大玻璃碗中，用手动打蛋器搅拌均匀。
3 倒入全蛋，继续搅拌均匀。
4 将低筋面粉过筛至碗里，翻拌成无干粉的面团。
5 取出面团放在干净的操作台上，将其揉搓成圆柱状，用刮板将圆柱面团分切成数个重量差不多的小面团。
6 将小面团搓圆再按扁，放上莲蓉馅，收口，再次揉圆。
7 将面团捏成小鸡的造型，制成小鸡馒头坯。
8 取烤盘，铺上油纸，放上小鸡馒头坯，将烤盘放入已预热至180℃的烤箱中层，烤约15分钟。取出烤好的小鸡馒头坯，放凉至室温，将不锈钢铁块用火烧热，在小鸡馒头坯上轻戳出眼睛、画上翅膀即可。

烘焙妙招

需掌握好面粉与清水的比例，水少面多，揉出来的面团会很硬。

奶油地瓜

烘焙：20分钟　难易度：★☆☆

材料

地瓜（烤熟）125克，无盐黄油12克，砂糖10克，蜂蜜4克，朗姆酒4毫升，牛奶10毫升，全蛋液30克

做法

1 用勺子取出地瓜肉放入钢盆中，再将已放于室温软化的无盐黄油、蜂蜜倒入钢盆中。
2 再倒入砂糖，以软刮搅拌均匀。
3 分2次倒入牛奶，边倒边用电动打蛋器搅打至无液状态。
4 倒入朗姆酒，以电动打蛋器搅打至材料混合均匀，即成地瓜馅。
5 将地瓜馅填入地瓜皮内，在表面刷上全蛋液。
6 取烤盘，放上地瓜，移入预热至170℃的烤箱中层，烤20分钟至表面呈金黄色即可。

起司酥条

烘焙：25分钟　难易度：★☆☆

材 料

无盐黄油85克，糖粉55克，盐1.5克，全蛋液32克，低筋面粉85克，起司粉8克

做 法

1 将已放于室温软化的无盐黄油倒入钢盆中，再将糖粉过筛至钢盆中。
2 倒入盐，用电动打蛋器搅打至材料呈乳白色。
3 分2次加入全蛋液，拌匀至无液体状。
4 将低筋面粉、起司粉过筛至钢盆里，以软刮翻拌均匀至无干粉。
5 将面糊装入套有裱花嘴的裱花袋里。
6 取烤盘，挤出数个大小一致的条状面糊，即成饼干坯。
7 将烤盘移入预热至160℃的烤箱中层，烤25分钟至熟即可。

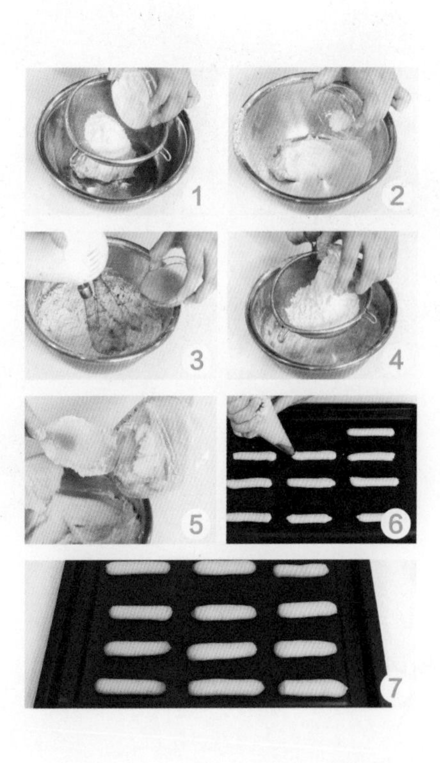

巧克力玻璃珠

烘焙：12分钟　难易度：★★☆

材料

低筋面粉80克，杏仁粉20克，砂糖35克，盐0.5克，蛋黄50克，无盐黄油30克，橄榄油20毫升，香草精2克，黑巧克力80克，开心果碎适量，燕麦碎适量

做法

1. 将无盐黄油和橄榄油混合，再加入砂糖和盐充分拌匀。
2. 再加入蛋黄和香草精，搅拌成柔滑均匀的状态。
3. 筛入低筋面粉、杏仁粉，用橡皮刮刀搅拌成均匀的面团。
4. 将面团分成每个约10克的圆球，取好间隙放置烤盘上。
5. 放进预热至175℃的烤箱烘烤约12分钟。
6. 巧克力用微波炉加热至溶化，备用。
7. 将饼干的半边浸入溶化的巧克力上。
8. 在玻璃珠表面上面撒上一些开心果碎和燕麦碎即可。

烘焙妙招

加入的盐不宜太多，以免成品味道不好。

巧克力布朗尼

烘焙：20分钟　难易度：★★☆

材料

巧克力块150克，无盐黄油150克，细砂糖100克，全蛋3个，牛奶30毫升，低筋面粉150克，泡打粉3克，苏打粉2克，核桃碎60克

做法

1. 将巧克力块放入小钢锅里，再隔热水溶化到一半，倒入无盐黄油，用手动打蛋器搅拌至材料完全溶化。
2. 将溶化的材料倒入干净的大玻璃碗中，趁热倒入细砂糖，用手动打蛋器搅拌至细砂糖完全溶化。
3. 分3次倒入全蛋，每一次倒入全蛋均快速搅散。
4. 将低筋面粉、苏打粉、泡打粉过筛至碗里，用橡皮刮刀翻拌成无干粉的面糊。
5. 倒入牛奶，再次搅拌均匀，即成蛋糕糊。
6. 取6寸方形蛋糕模具，内壁上抹上无盐黄油，倒入蛋糕糊，轻震几下排出气泡，再用橡皮刮刀将表面抹平。
7. 撒上一层核桃碎，将蛋糕模放入已预热至180℃的烤箱中层，烤约20分钟。
8. 取出烤好的巧克力布朗尼，稍稍放凉后脱模即可。

烘焙妙招

模具内的黄油最好刷得均匀一些，脱模时会更方便。

巧克力花生酥条

烘焙：22分钟 难易度：★☆☆

材料

无盐黄油40克，水38毫升，牛奶38毫升，盐0.5克，糖5克，低筋面粉25克，高筋面粉25克，全蛋75克，巧克力、花生碎各适量

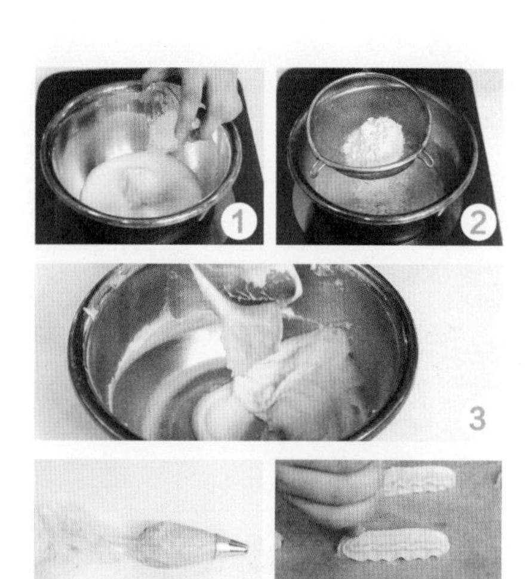

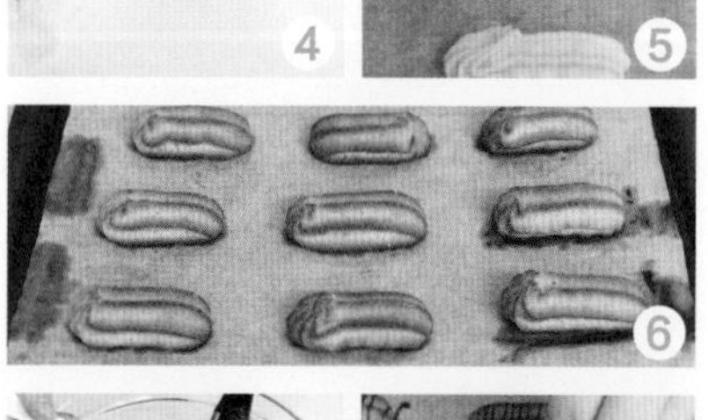

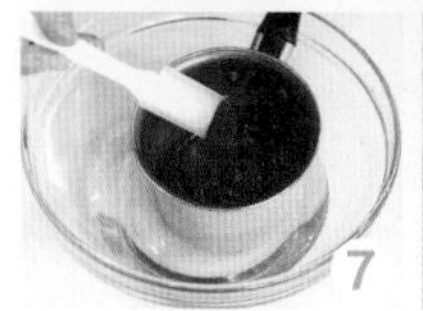

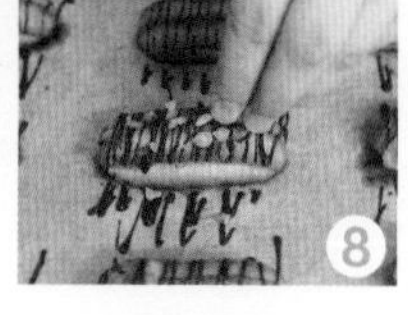

做法

1 将已放于室温软化的无盐黄油倒入锅中，再将水、牛奶、盐及糖依次放入锅中，加热至沸腾，关火。

2 将低筋面粉、高筋面粉过筛到锅中，翻拌至无干粉的状态，降至室温。

3 分两次加入全蛋，搅拌均匀至能挂糊的状态。

4 将面糊装入套有裱花嘴的裱花袋里。

5 取烤盘，铺上油纸，在油纸上将裱花袋里的面糊挤出数个长条，制成酥条坯，放置一会儿，至表面呈不沾手的状态。

6 喷上少量水，再放入预热至200℃的烤箱中层，烤约22分钟至表面上色，待时间到，取出烤好的酥条。

7 将巧克力切碎，装入碗中，再放入小铁锅中隔水溶化，将溶化的巧克力装入裱花袋，用剪刀在尖角处剪个小口。

8 将巧克力从左到右来回挤在酥条上，再均匀放上一点花生碎，稍稍放凉后食用即可。

巧克力司康饼

烘焙：20分钟　难易度：★☆☆

材料

松饼粉110克，巧克力碎45克，细砂糖20克，无盐黄油30克，牛奶15毫升，全蛋液少许

做法

1 将无盐黄油倒入大玻璃碗中，用手动打蛋器搅拌均匀。
2 倒入细砂糖，搅拌至溶化。
3 倒入牛奶，搅拌均匀。
4 将松饼粉过筛至碗里，用软刮翻拌至无干粉。
5 倒入巧克力碎，翻拌成面团。
6 取出面团放在操作台上。
7 用刮板将面团分切成四等份。
8 将面团放在铺有油纸的烤盘上，再刷上一层全蛋液，再放入预热至200℃的烤箱中层，烤约20分钟即可。

榛果巧克力雪球

难易度：★☆☆

材料

奶油20克，苦甜巧克力112克，鲜奶油60克，水麦芽饴12克，榛果粒25克，可可粉10克

做法

1 将切碎的巧克力装入小钢盆里，隔热水溶化，再搅拌均匀。
2 倒入鲜奶油，继续搅拌均匀。
3 倒入奶油，搅拌至混合均匀。
4 待温度稍稍放凉，倒入水麦芽饴，移入冰箱冷藏1个小时。
5 取出用电动打蛋器打发，制成巧克力糊，将巧克力糊装入套有裱花嘴的裱花袋里。
6 将巧克力糊在盘中挤出大小一致的球，再向上拉高，使之成为圆底尖头的巧克力球。
7 放上榛果粒作装饰。
8 将可可粉筛到表面上即可。

酥皮苹果派

烘焙：10分钟　难易度：★☆☆

材料

苹果丁150克，牛奶30毫升，细砂糖15克，无盐黄油10克，芝士片3片，肉桂粉1克

做法

1. 将无盐黄油倒入平底锅中，边加热边搅拌至其溶化。
2. 倒入苹果丁，翻炒至上色。
3. 倒入牛奶、细砂糖，翻炒均匀。
4. 倒入肉桂粉，翻炒均匀。
5. 将炒好的食材倒入蛋糕杯中，再盖上芝士片。
6. 将蛋糕杯放在烤盘上，再移入已预热至190℃的烤箱中层，烤约10分钟即可。

香草叶糖丸

难易度：★☆☆

材 料

低筋面粉60克，糖粉20克，无盐黄油30克，香草精1克，盐1克，装饰糖粉适量

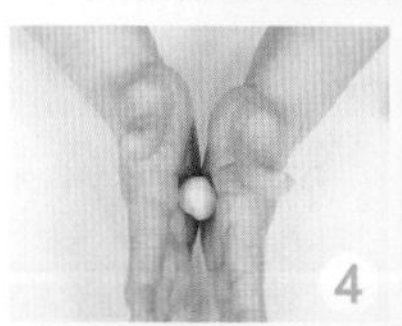

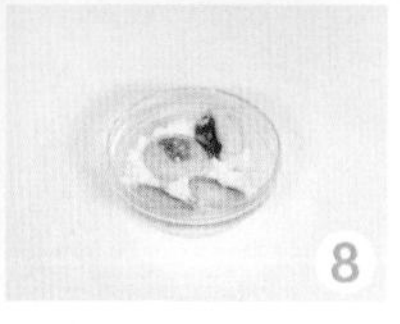

做 法

1 将无盐黄油倒入大玻璃碗中，用软刮拌匀。

2 倒入糖粉，翻拌均匀，倒入香草精、盐拌匀。

3 将低筋面粉过筛至碗里，翻拌均匀，拌成无干粉的面团。

4 摘取数个小面团放在手中揉搓成圆形的面团。

5 平底锅铺上高温布，放上圆面团后用手压扁。

6 盖上锅盖，用中小火煎约3分钟至底面上色。

7 揭开锅盖，翻面，改小火继续煎约1分钟至底面上色，即成香草煎饼。

8 盛出煎好的香草煎饼，放入装有装饰糖粉的碗中裹上一层糖粉，即成香草叶糖丸。

香橙司康

烘焙：25分钟　难易度：★☆☆

材料

低筋面粉140克，芥花籽油30毫升，蜂蜜20克，甜酒5毫升，香橙丁12克，泡打粉2克，盐1克，清水20毫升

做法

1 将蜂蜜、芥花籽油、清水、甜酒倒入大玻璃碗中，拌匀。
2 再倒入盐，搅拌均匀。
3 将低筋面粉、泡打粉过筛至碗中。
4 用软刮将碗中材料翻拌成无干粉的面团。
5 倒入香橙丁，继续翻拌均匀。
6 取出面团放在操作台上，用刮板将其分切成四等份。
7 将分切好的面团放在铺有油纸的烤盘上，再放入已预热至180℃的烤箱中烤约25分钟即可。

napu

香果花生吐司

难易度：★☆☆

材料

吐司2片，开心果20克，杏仁20克，糖粉30克，花生酱60克，无盐黄油40克，蓝莓少许，动物性淡奶油适量

做法

1 将开心果、杏仁混合在一起，切成碎。

2 将花生酱、无盐黄油倒入大玻璃碗中。

3 碗中倒入糖粉，用软刮翻拌至无干粉。

4 倒入动物性淡奶油，用电动打蛋器将材料搅打至发泡，即成花生果酱。

5 平底锅加热，放入吐司煎至底面呈金黄色。

6 将吐司翻面，继续煎至呈金黄色，依此法将另一片吐司煎好。

7 用抹刀将花生果酱抹在2片吐司表面，抹平后再用抹刀轻轻提起花生果酱。

8 放上切好的坚果碎、蓝莓作装饰即可。

烘焙妙招

开心果、杏仁可入烤箱中烘烤后再使用。

香蕉司康

烘焙：25分钟　难易度：★☆☆

材料

香蕉（去皮）100克，蜂蜜22克，芥花籽油适量，柠檬汁3毫升，泡打粉2克，盐0.5克，清水40毫升，低筋面粉适量

做法

1 将香蕉倒入大玻璃碗中，用软刮按压成泥。

2 碗中再倒入蜂蜜、芥花籽油、清水、柠檬汁，搅拌均匀。

3 倒入盐，搅拌均匀。

4 将低筋面粉、泡打粉过筛至碗中，用软刮翻拌成无干粉的面糊。

5 取烤盘，铺上油纸，倒上三块造型面糊。

6 将烤盘放入已预热至180℃的烤箱中层，烤约25分钟，取出装盘即可。

杏仁片

难易度：★☆☆

材 料

杏仁片55克，蛋白30克，细砂糖20克，盐1克，炼奶10克，无盐黄油（隔水溶化）15克

做 法

1 先后将蛋白、细砂糖、盐、炼奶倒入大玻璃碗中，边倒边搅拌均匀。

2 将隔水溶化的无盐黄油倒入大玻璃碗中，边倒边搅拌。

3 碗中再倒入杏仁片，搅拌混匀，静置半小时。

4 平底锅置于火上，倒入拌匀的杏仁片糊。

5 用小火慢煎至杏仁片糊底部呈金黄色。

6 翻面，继续煎一会儿至另一面呈金黄色。

7 盛出煎好的杏仁片即可。

杏仁巧克力

难易度：★☆☆

材料

细砂糖67克，水22毫升，杏仁粒200克，可可粉10克

做法

1 将细砂糖和水倒入平底锅中，一边加热一边搅拌至沸腾，继续熬至成焦糖。
2 倒入杏仁粒。
3 与焦糖一同拌煮一会儿，充分拌匀。
4 关火，将杏仁放入可可粉里裹匀，装盘即可。

烘焙妙招

裹上可可粉后2～3天内吃最好吃，请在室温为10～15℃的地方保存。

生巧克力

烘焙：30分钟　难易度：★☆☆

材料

苦甜巧克力125克，黄油38克，鲜奶油112克，可可粉10克，水麦芽饴10克

做法

1 将苦甜巧克力放在钢盆里，隔水加热，不停地搅拌，直至巧克力质地光滑。
2 倒入鲜奶油，搅拌至材料混合均匀，再搅拌一会儿至提起刮板时，附在上面的巧克力能够顺利地流下来。
3 倒入黄油，搅拌均匀，再倒入水麦芽饴，继续搅拌一会儿，即成巧克力溶液。
4 取方形模具，用保鲜膜封住一面，制成模具的底，将模具放在砧板上。
5 将巧克力溶液倒入方形模具里，再移入冰箱冷冻1个小时。
6 砧板上铺一层均匀的可可粉。
7 取出冷冻好的巧克力，脱去保鲜膜，放在铺有一层可可粉的砧板上。
8 再将巧克力切成大小一致的方块，直接裹上可可粉，装入盘中即可。

营养南瓜条

烘焙：20分钟 难易度：★☆☆

材料

低筋面粉160克，南瓜泥250克，南瓜子8克，碧根果仁碎10克，蔓越莓干碎10克，蜂蜜30克，芥花籽油20毫升，泡打粉1克

做法

1 将芥花籽油、蜂蜜倒入大玻璃碗中，用手动打蛋器搅拌均匀。
2 倒入南瓜泥，搅拌均匀。
3 将低筋面粉、泡打粉过筛至碗里，搅拌成无干粉的面糊。
4 倒入蔓越莓干、碧根果仁碎，搅拌均匀。
5 取蛋糕模具，铺上油纸，用软刮将拌匀的面糊刮入蛋糕模具内，再抹平。
6 面糊上铺上一层南瓜子，将蛋糕模具放在烤盘上，再移入已预热至180℃的烤箱中层，烤约20分钟。
7 取出烤好的成品，脱模后切成条状，即成南瓜营养条。

燕麦营养条

烘焙：30分钟　难易度：★☆☆

材料

低筋面粉80克，燕麦粉30克，即食燕麦片55克，芥花籽油30毫升，蜂蜜30克，清水130毫升，泡打粉1克，蔓越莓干20克

做法

1 将芥花籽油、蜂蜜、清水倒入大玻璃碗中，用手动打蛋器搅拌均匀。

2 将燕麦粉、低筋面粉过筛至碗里。

3 将泡打粉过筛至碗里，搅拌成无干粉的面糊。

4 倒入即食燕麦片、蔓越莓干，搅拌均匀。

5 取蛋糕模具，铺上油纸，用软刮将拌匀的面糊刮入蛋糕模具内，再抹平。

6 将蛋糕模具放在烤盘上，再移入已预热至170℃的烤箱中层，烤约30分钟，取出烤好的成品。脱模后切成条状，即成燕麦营养条。

松子咖啡饼干

烘焙：25分钟　难易度：★☆☆

材料

饼干：无盐黄油62克，糖粉62克，咖啡粉4克，全蛋液30克，温水4毫升，低筋面粉90克，奶粉30克；**馅料**：砂糖20克，葡萄糖浆19克，水8毫升，松子22克，无盐黄油12克

做法

1 将已放于室温软化的无盐黄油倒入钢盆中，再将糖粉过筛至钢盆中，用电动打蛋器搅打至呈乳白色。

2 分2次倒入全蛋液，边倒边搅打，至无液体状。

3 将咖啡粉与温水混合均匀，加入钢盆中，搅打均匀。

4 将低筋面粉、奶粉过筛至钢盆里，以软刮翻拌至无干粉，即成面糊。

5 将面糊装入裱花袋里，在尖角处剪一个小口，取烤盘，铺上油纸，用画圈的方式挤出数个造型面糊。

6 将馅料中的水、葡萄糖浆、砂糖依次倒入平底锅中，边加热边搅拌至砂糖完全溶化。

7 放入松子拌匀，关火，倒入无盐黄油，拌成馅料。

8 待馅料稍稍冷却后装入面糊的中间，将烤盘移入已预热至140℃的烤箱中层，烤约25分钟至熟即可。

烘焙妙招

馅料要放多一些，铺满整个饼干造型中。

椰子球

烘焙：20分钟　难易度：★★☆

材料

无盐黄油25克，糖粉60克，蛋黄20克，牛奶10毫升，奶粉10克，椰子粉70克

做法

1 将已放于室温软化的无盐黄油倒入钢盆中。
2 再将糖粉过筛至钢盆中，用软刮翻拌均匀至混合均匀。
3 分2次倒入蛋黄，拌匀。
4 再分2次倒入牛奶，拌匀至糖粉完全溶化。
5 将奶粉过筛至钢盆里。
6 再倒入椰子粉。
7 将材料用软刮翻拌均匀，再分搓成数个大小一致的圆球。
8 将圆球放在铺有油纸的烤盘上，移入预热至130℃的烤箱中层，烤20分钟至表面呈金黄色即可。

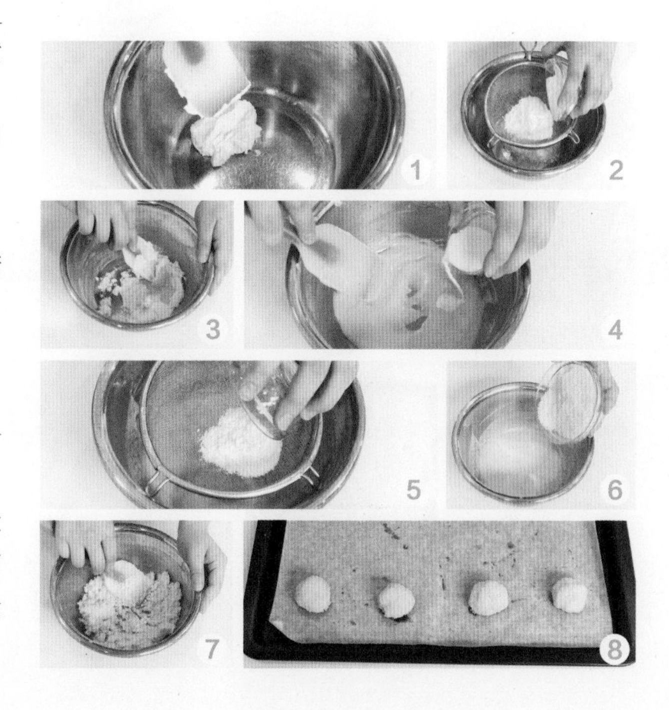

烘焙妙招

将材料捏成圆球时，一定要用力捏紧，否则容易散开。

芝麻花生球

烘焙：20分钟　难易度：★☆☆

材料

蛋白45克，砂糖50克，盐1克，花生（切碎）65克，椰丝粉106克，黑芝麻14克

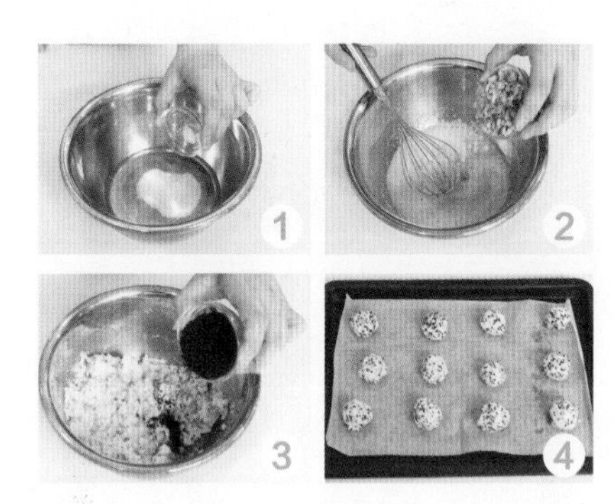

做法

1 依次将蛋白、砂糖、盐倒入钢盆里，用手动打蛋器搅拌均匀至砂糖完全溶化。

2 倒入花生，再将椰丝粉过筛至钢盆里，搅拌均匀至无干粉。

3 将黑芝麻放入烤箱烤出香味，再倒入钢盆里搅拌均匀。

4 将材料揉搓成面团，分搓成数个大小一致的圆球，取烤盘，铺上油纸放上圆球，移入预热至130℃的烤箱中层，烤20分钟至表面呈金黄色即可。

烘焙妙招

每个芝麻花生球的大小要保持一致，避免烤制时部分芝麻花生球熟了，部分还未熟。

大豆粉糖丸

难易度：★☆☆

材料

低筋面粉70克，无盐黄油30克，糖粉20克，蜂蜜15克，大豆粉（炒熟）45克，大豆粉（装饰）适量

做法

1 将无盐黄油倒入大玻璃碗中，倒入糖粉，用软刮翻拌至无干粉，倒入大豆粉，拌匀。
2 将低筋面粉过筛至碗里，翻拌成无干粉的面团。
3 倒入蜂蜜，翻拌均匀，用手揉搓成面团。
4 摘取数个小面团，放在手中揉搓成圆形的面团。
5 平底锅铺上高温布，放上圆面团后用手压成窝形。
6 盖上锅盖，用中小火煎约3分钟至底面上色。
7 揭开锅盖，翻面，改小火煎约30秒，关火后盖上锅盖，再闷约10分钟，即成大豆饼。
8 取出大豆饼，放在装有大豆粉的碗中裹上一层大豆粉即可。

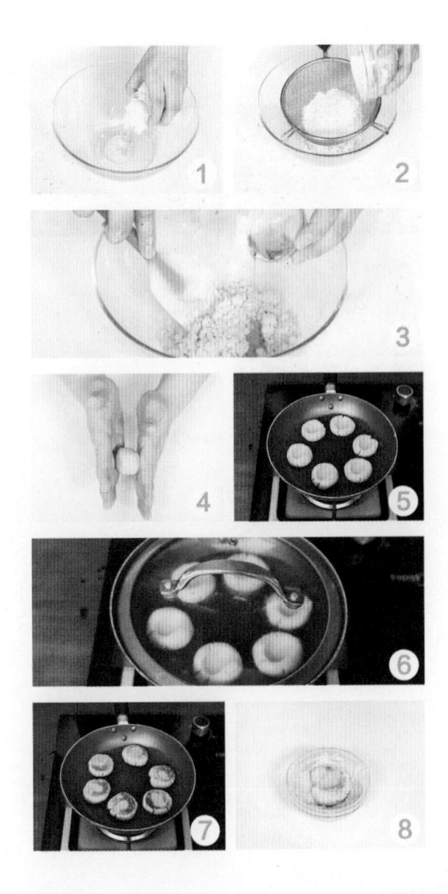

腰果挂霜

难易度：★☆☆

材 料

腰果100克，细砂糖25克，水10毫升

做 法

1 平底锅置于灶台上，中火烧热，倒入腰果，翻炒一会儿至上色，盛出待用。
2 锅中倒入细砂糖、清水，搅拌均匀，煮至细砂糖完全溶化。
3 倒入腰果，翻炒均匀。
4 直至腰果表面裹上一层白霜，盛出即可。

烘焙妙招

腰果仁炸好后不宜放得太凉了，否则翻炒时不容易裹上糖浆。

Part 6

让空气变香甜的甜点

现如今，那些在甜品店买到的甜点，在家也可以轻松制作出来。本章提供了众多经典款甜点的制作方法，操作简单易上手，且成功率高，让初学者也能自己做出堪比专业大师的甜点。

奶油麦芬

难易度：★★☆

材料

麦芬：低筋面粉100克，牛奶20毫升，细砂糖35克，全蛋34克，盐1克，无盐黄油35克；**夹馅**：无盐黄油80克，糖粉50克；**装饰**：薄荷叶、防潮糖粉各适量

做法

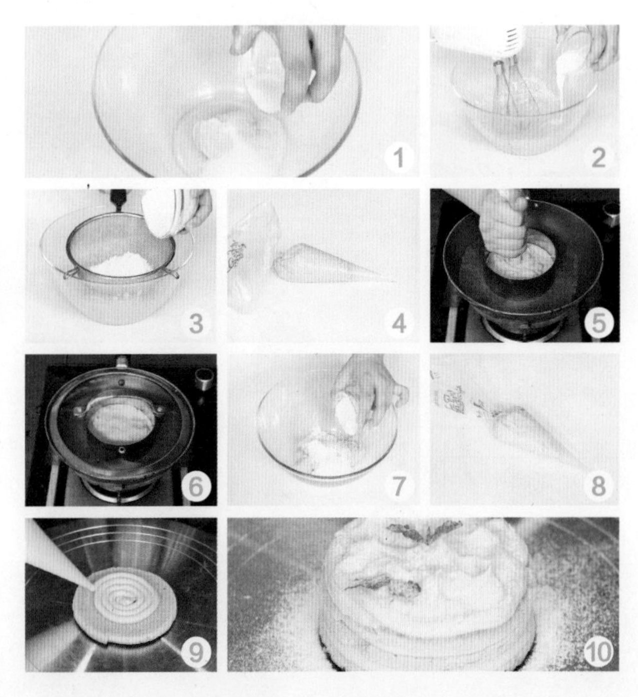

1 将无盐黄油、细砂糖倒入大玻璃碗中，用电动打蛋器搅拌均匀。

2 倒入全蛋，继续搅拌均匀；倒入盐，搅拌均匀；倒入牛奶，搅拌均匀。

3 将低筋面粉过筛至碗中，以软刮翻拌成无干粉的面糊。

4 将面糊装入裱花袋中，用剪刀在尖端处剪一个小口。

5 平底锅铺上高温布，放上圆形模具，往模具内挤入适量面糊。

6 盖上锅盖，用小火煎约20分钟至熟，取出待凉后脱模，即成麦芬，放在转盘上，用抹刀将其切成厚薄一致的三片麦芬。

7 将无盐黄油、糖粉均倒入另一个干净的大玻璃碗中，用电动打蛋器搅打均匀，制成夹馅。

8 将夹馅装入裱花袋，用剪刀在尖端处剪一个小口。

9 取一片麦芬放在转盘上，以画圈的方式由内向外挤上一层夹馅，盖上第二片麦芬，同样挤上夹馅。

10 盖上最后一片麦芬，再挤上一层夹馅，用抹刀尖端轻触夹馅并提起，最后放上薄荷叶作装饰，筛上一层防潮糖粉即可。

巧克力欧蕾达克瓦兹

烘焙：120分钟　难易度：★☆☆

材料

酥饼：蛋白150克，糖50克，糖粉135克，低筋面粉125克，榛果粒20克，核桃（切碎）20克；**巧克力奶油**：淡奶油150克，黑巧克力80克，白巧克力80克

做法

1 将低筋面粉、糖粉过筛至大玻璃碗中；另取一个大玻璃碗，倒入蛋白、糖，用电动打蛋器打发至呈鸡尾状。

2 将打发的蛋白分3次倒入拌匀的粉类中，以软刮翻拌成无干粉的面糊。

3 取烤盘，铺上油纸，倒上面糊后用抹刀抹匀，均匀撒上一层榛果粒、核桃碎。

4 将烤盘移入已预热至100℃的烤箱中层，烤约2小时后取出，切成大小一致的长方形块，即成酥饼。

5 将淡奶油倒入大玻璃碗中，用电动打蛋器打发，倒入溶化的黑巧克力，搅打均匀。

6 将奶油装入套有裱花嘴的裱花袋里。

7 在一块酥饼的背面挤上打发的奶油，盖上另一片酥饼的背面，轻轻按压一下，使其贴合得更紧。

8 先后分别将黑巧克力、白巧克力切碎后装入小钢盆里，隔热水溶化。

9 将夹心酥饼的一端沾裹上白巧克力。

10 另一端沾上黑巧克力即可。

香橙烤布蕾

烘焙：30分钟　难易度：★☆☆

材料

牛奶125毫升，奶油125克，糖50克，全蛋15克，蛋黄40克，橙酒12毫升，橙皮丁适量

做法

1 将鲜奶油、牛奶、糖先后倒入钢锅里，开小火煮至沸腾，至糖完全溶化。

2 将全蛋和蛋黄倒入大玻璃碗中，搅拌均匀。

3 再将步骤1中混匀的材料倒入大玻璃碗中，搅拌均匀。

4 倒入橙酒，搅拌一会儿后过筛至量杯中。

5 将过筛的材料倒入布蕾模具中，再将模具放在注入了六分高水的烤盘上。

6 将烤盘移入已预热至160℃的烤箱中层，烤约30分钟，待时间到，取出烤好的布蕾，撒上橙皮丁即可。

柠檬香杯慕斯

难易度：★☆☆

材料

淡奶油150克，细砂糖30克，青柠汁30毫升，牛奶60毫升，吉利丁片6克，焦糖核桃碎60克，柠檬块少许

做法

1 将淡奶油倒入大玻璃碗中，用电动打蛋器搅打至八分发，放入冰箱冷藏待用。
2 将细砂糖、青柠汁倒入平底锅中，用小火加热，搅拌至细砂糖完全溶化，倒入牛奶，搅拌均匀。
3 捞出浸水泡软的吉利丁片，沥干水分后放入锅中，搅匀至完全溶化，制成牛奶液。
4 取出打发的淡奶油，倒入一半的牛奶液，用橡皮刮刀搅拌均匀，再倒入剩余的牛奶液继续搅拌均匀，制成慕斯糊。
5 将慕斯糊装入裱花袋，用剪刀在裱花袋尖端处剪一个小口。
6 取布丁杯，挤入适量慕斯糊，放上一层焦糖核桃碎。
7 再挤入适量慕斯糊，放上一层焦糖核桃碎。
8 在杯口处插上柠檬块作装饰即可。

酸奶芝士蛋糕

难易度：★☆☆

材料

消化饼干95克，动物性淡奶油100克，奶油芝士200克，吉利丁片7克，无盐黄油50克，细砂糖50克，酸奶80克，牛奶50毫升，柠檬汁5毫升，朗姆酒8毫升，薄荷叶少许

做法

1 将消化饼干装入保鲜袋中，用擀面杖将饼干擀碎。

2 将饼干碎倒入大玻璃碗中，碗中再倒入无盐黄油，用软刮翻拌均匀。

3 取正方形蛋糕模，包上锡纸做底，再放在砧板上，往蛋糕模内倒入拌匀的饼干碎，抹平，再用擀面杖敲严实。

4 将奶油芝士倒入另一个大玻璃碗中，搅拌均匀。

5 碗中倒入细砂糖、酸奶、牛奶拌匀，倒入柠檬汁、朗姆酒，搅拌均匀。将泡软的吉利丁片放入温牛奶中。

6 将动物性淡奶油倒入一个干净的大玻璃碗中，用电动打蛋器搅打均匀至稠状。

7 将打好的动物性淡奶油倒入装有奶油芝士的大玻璃碗中拌匀，倒入蛋糕模里。

8 将蛋糕模放入冰箱冷藏约4个小时，取出脱模，蛋糕表面放薄荷叶点缀即可。

烘焙妙招

蛋糕冻好脱模前，可以用打火机稍微烤一下模具外壁，这样能快速、顺畅地脱模。

咖啡慕斯

难易度：★☆☆

材料

消化饼干60克，无盐黄油40克，淡奶油250克，糖粉40克，纯咖啡粉20克，清水20毫升，吉利丁片8克

做法

1 将清水倒入装有咖啡粉的小玻璃碗中，用手动打蛋器搅拌至混合均匀。

2 将吉利丁片浸水泡软呈透明状。

3 将消化饼干装入保鲜袋中，用擀面杖擀碎。

4 往装有吉利丁片的碗中倒入咖啡液拌匀。

5 将饼干碎、室温软化的无盐黄油倒入大玻璃碗中，用橡皮刮刀翻拌均匀，制成饼底。

6 取蛋糕圈，包上锡箔纸做底，倒入饼底，再铺平，放入冰箱冷藏待用。

7 将淡奶油、糖粉装入干净的大玻璃碗中，用电动打蛋器搅打至出现清晰纹路。

8 将咖啡吉利丁液倒入大玻璃碗中，用手动打蛋器搅拌均匀，制成咖啡慕斯糊。

9 取出饼底，捣碎咖啡慕斯糊，用橡皮刮刀抹平，再轻震几下排除大气泡，放入冰箱冷藏约240分钟至变硬。

10 取出冷藏好的咖啡慕斯，放在转盘上，脱模后切成长条块即可。

蓝莓慕斯

难易度：★☆☆

材 料

蓝莓酱25克，淡奶油100克，吉利丁片5克，牛奶50毫升，细砂糖25克，新鲜蓝莓适量

做 法

1 将淡奶油装入大玻璃碗，用电动打蛋器搅打至不易滴落的状态。
2 吉利丁片放在干净碗中加入适量清水，待用。
3 将牛奶、细砂糖倒入平底锅中，边加热边搅拌至细砂糖完全溶化。
4 捞出泡软的吉利丁，沥干水分，再放入锅中，搅拌至完全溶化，制成奶糊。
5 盛出装入小碗中，放凉至室温，往装有打发淡奶油的大玻璃碗中倒入蓝莓酱，用橡皮刮刀搅拌均匀。
6 边倒入奶糊，边用橡皮刮刀搅拌均匀，制成慕斯糊。
7 将慕斯糊倒入碗中，放入冰箱冷藏2个小时。
8 取出冷藏好的慕斯，放上蓝莓作装饰即可。

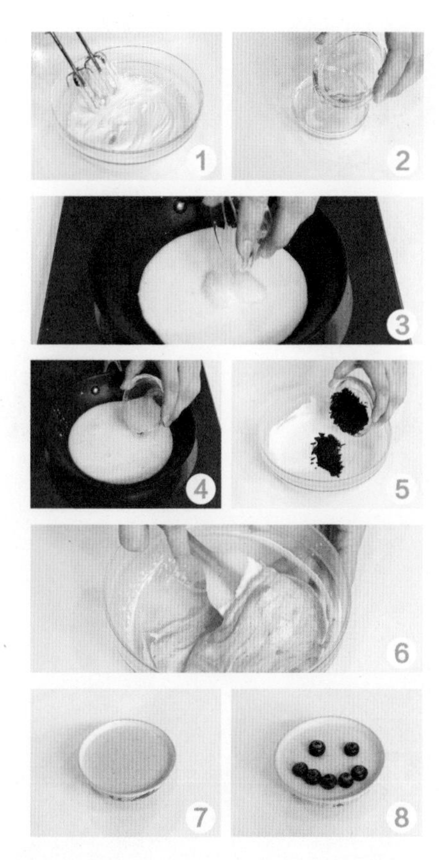

蓝莓优格蛋糕

难易度：★★☆

材料

牛奶饼干13片，无盐黄油30克，淡奶油100克，细砂糖8克，蓝莓果酱2大勺，酸奶100克

做法

1 将牛奶饼干装入保鲜袋中，敲碎，倒入搅拌盆中。
2 倒入溶化的无盐黄油，用橡皮刮刀搅拌均匀。
3 将步骤2的混合物倒入垫有油纸的模具中，压平，压实，放入冰箱冷冻1小时。
4 在搅拌盆中倒入淡奶油及细砂糖，用电动打蛋器快速打发。
5 取一新的搅拌盆，倒入酸奶和蓝莓酱，搅拌均匀。
6 将步骤5倒入步骤4中，搅拌均匀，制成慕斯液。
7 将慕斯液倒入放有饼底的模具中，抹平。
8 放入冰箱冷藏4小时至蛋糕凝固即可。

烘焙妙招

冷冻时温度不宜太低，以免蛋糕体与模具粘在一起，不易脱模。

芒果慕斯杯

难易度：★☆☆

材料

淡奶油120克，吉利丁片5克，牛奶50毫升，糖粉30克，芒果泥20克，芒果干、椰丝各少许

做法

1 将淡奶油倒入大玻璃碗中，用电动打蛋器搅打至七分发。

2 将吉利丁片装入碗中，倒入清水，泡至软。

3 将牛奶、糖粉倒入平底锅中，开中火，边加热边搅拌至沸腾。

4 捞出泡软的吉利丁片，沥干水分后放入锅中，用手动打蛋器搅至完全溶化，倒入芒果泥，继续搅拌均匀，关火，放凉至室温。

5 将平底锅中的材料缓慢倒入大玻璃碗中，边倒边搅拌均匀，制成慕斯液。

6 装入玻璃杯中，放入冰箱冷藏约2个小时。

7 取出冻好的慕斯杯，放上芒果干和椰丝作装饰即可。

榴莲千层蛋糕

难易度：★★☆

材料

全蛋4个（约210克），低筋面粉90毫升，淀粉40克，糖粉35克，牛奶250毫升，无盐黄油20克，榴莲肉260克，细砂糖20克，动物淡奶油200克

做法

1 将全蛋倒入大玻璃碗中，用手动打蛋器搅拌均匀，筛入低筋面粉和淀粉搅拌至无干粉。

2 倒入糖粉、牛奶，搅拌至材料混合均匀。

3 将无盐黄油隔热水溶化后倒入碗中拌匀，制成面糊，过筛入另一个大玻璃碗中，待用。

4 平底锅中倒入面糊，用中小火煎至定型，即成面饼。按照相同的方法，煎完剩余的面糊，将煎好的面皮盛出后用油纸盖住，放凉至室温。

5 将动物淡奶油、细砂糖倒入干净的大玻璃碗中，用电动打蛋器搅打至九分发。

6 将榴莲肉倒入搅拌机中搅打成泥，倒入大玻璃碗中，继续搅拌均匀，制成榴莲奶油馅。

7 撤掉油纸，取出面饼，慕斯圈放在面饼上，按压掉多余的边角部分，将一片面饼放在转盘上，将适量榴莲奶油馅均匀涂抹在面饼上，再盖上一片面饼。

8 依照相同的方法依次涂上榴莲奶油馅，再盖上一片面饼，制成榴莲千层蛋糕。

千层班戟

难易度：★★☆

材 料

面糊：牛奶250毫升，清水110毫升，细砂糖40克，低筋面粉150克，高筋面粉65克，全蛋220克，无盐黄油40克；**奶油夹馅**：动物性淡奶油200克，细砂糖20克

做 法

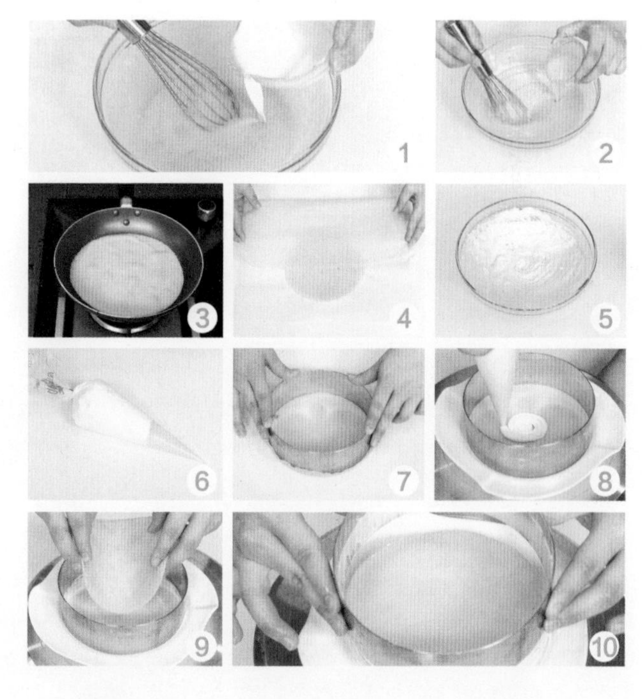

1 将全蛋、细砂糖倒入大玻璃碗中，搅拌均匀，碗中倒入牛奶、清水，搅拌均匀。

2 将低筋面粉、高筋面粉过筛至碗里搅拌至无干粉，倒入隔水溶化的无盐黄油，快速拌匀成面糊，静置20分钟。

3 平底锅擦上少许食用油后加热，锅中倒入适量拌匀的面糊，抹匀，煎至面糊底面呈金黄色，翻面，煎至两面呈金黄色，制成薄饼，盛出。

4 操作台上铺上一张油纸，放上薄饼，盖上油纸，依照相同方法继续煎出数张薄饼，用油纸包住薄饼，再叠加在一起，放凉。

5 另取一个干净的大玻璃碗，倒入动物性淡奶油，碗中再倒入细砂糖，用电动打蛋器打至发泡，即成奶油夹馅。

6 将奶油夹馅装入裱花袋里。

7 将蛋糕圈放在薄饼上压去多余的部分，依此法完成剩余的薄饼。

8 取一个盘放在转盘上，将蛋糕圈放在盘中，再放上一片压好的薄饼，在薄饼表面用画圈的方式从中心往外挤上一层奶油夹馅。

9 一边转动转盘，一边用抹刀将奶油夹馅抹平，再放上一片薄饼，挤上奶油夹馅后抹平。

10 依此完成剩余铺薄饼、挤奶油的步骤，脱掉蛋糕圈，制成千层班戟。

芒果千层蛋糕

难易度：★★☆

材料

蛋糕：低筋面粉100克，牛奶250毫升，全蛋2个，细砂糖30克，无盐黄油30克；**奶油夹馅**：淡奶油250克，糖粉10克，芒果180克，吉利丁片8克

做法

1 将全蛋、细砂糖倒入大玻璃碗中，用手动打蛋器搅拌至细砂糖完全溶化。

2 将低筋面粉过筛至碗里，搅拌至无干粉，将隔热水溶化的无盐黄油倒入碗中，继续搅拌均匀，倒入牛奶，搅拌均匀，即成面糊。

3 将拌匀的面糊过筛至另一个大玻璃碗中。

4 平底锅中倒入适量面糊，用中小火煎至定型，即成面饼，将煎好的面饼盛出用油纸盖住，放凉至室温。

5 将芒果去皮后削成片，装盘待用。

6 将吉利丁片浸水泡软后沥干水分，再隔热水搅拌至溶化，往装有吉利丁片的碗中倒入适量淡奶油、糖粉搅拌均匀。

7 将剩余淡奶油倒入干净的大玻璃碗中，用电动打蛋器搅打至九分发，将拌匀的吉利丁液倒入装有打发淡奶油的碗中，继续搅打一会儿。

8 将一片面皮放在平底盘上，再将平底盘放在转盘上，用抹刀将混合均匀的打发淡奶油抹在面皮上。

9 放上一层芒果片，抹上一层打发淡奶油，铺上一片面皮，涂上一层打发淡奶油，铺上一层芒果片。

10 按照相同的顺序铺上面皮、打发淡奶油、芒果片，最后盖上一片面皮，移入冰箱冷藏约30分钟即可。

抹茶千层蛋糕

烘焙：45分钟 难易度：★☆☆

材料

蛋糕：低筋面粉120克，抹茶粉5克，细砂糖50克，无盐黄油25克，纯牛奶300毫升，全蛋2个；**奶油夹馅：**淡奶油350克，糖粉40克，芒果（切片）100克

做法

1 将低筋面粉、细砂糖、抹茶粉倒入大玻璃碗中，用手动打蛋器搅拌均匀。

2 倒入全蛋，用橡皮刮刀翻拌至无干粉，分3次倒入牛奶，用手动打蛋器快速搅拌均匀。

3 将隔热水搅拌至溶化的无盐黄油倒入碗中，搅拌均匀，将拌匀的材料过筛至另一个大玻璃碗中，制成面糊。

4 平底锅中倒入适量面糊，用中小火煎至定型，制成面饼，将煎好的面皮盛出，放凉至室温。

5 将淡奶油、糖粉倒入干净的大玻璃碗中，用电动打蛋器搅打至九分发。

6 用圆形慕斯圈按压面皮，去掉多余的边角，使之大小一致。

7 将一片面皮放在平底盘上，再将平底盘放在转盘上，用抹刀将打发淡奶油抹在面皮上。

8 放上一层芒果片，抹上一层打发淡奶油，铺上一片面皮，按照相同的顺序至最后盖上一片面皮，移入冰箱冷藏约30分钟即可。

泡芙

烘焙：25分钟　难易度：★★☆

材料

无盐黄油30克，清水128毫升，低筋面粉80克，全蛋2个，泡打粉1克，淡奶油150克，海藻糖1克

做法

1 低筋面粉、泡打粉过筛倒入玻璃碗中。

2 煎锅中倒入清水、黄油，加热用手动打蛋器搅拌至黄油沸腾后关火，制成黄油糊。

3 将黄油糊加入面粉玻璃碗中，用打蛋器搅拌至浅黄色面团。

4 等面团褪去热度，分两次加入全蛋，用手动打蛋器搅拌均匀，制成黄油面糊。

5 将圆齿花嘴装进裱花袋里，裱花袋剪小孔，将黄油面糊装进裱花袋里。

6 烤盘铺一层油纸，将黄油面糊以螺旋状、小剂子状挤在油纸上，晾干，将晾干的黄油小剂子置入已预热至180℃的烤箱烤25分钟后取出。

7 将淡奶油、海藻糖倒入干净玻璃碗中，用电动打蛋器打发备用，取出裱花袋，裱花袋剪小孔，将淡奶油装进裱花袋里备用。

8 将放凉的泡芙用齿刀拦腰切开不切断，将裱花袋里的淡奶油以螺旋状挤开放于泡芙切开的中间作馅，盖上泡芙头即可。

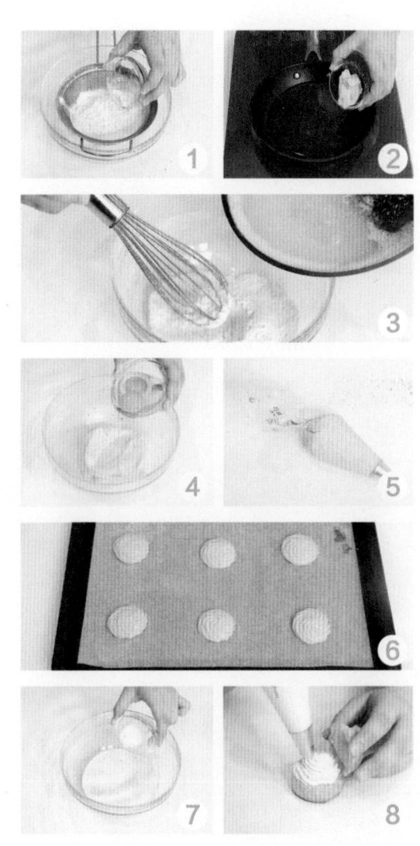

闪电泡芙

难易度：★☆☆

材料

奶油100克，水125毫升，牛奶125毫升，低筋面粉150克，全蛋4个，香缇鲜奶油100克，黑巧克力（切碎）50克，防潮糖粉各适量

做法

1 将奶油倒入锅中，倒入牛奶、水，开小火煮至沸腾。

2 煮至水分逐渐减少，再将低筋面粉过筛至锅中，以软刮翻拌成无干粉的面团。

3 一边用电动打蛋器搅打面团，一边分次加入全蛋，使材料完全混合均匀成柔软的固态乳霜状面糊，将面糊装入裱花袋里。

4 取烤盘铺上油纸，在烤盘上将面糊挤成长条，到末端时轻轻提起收尾，制成闪电泡芙坯。

5 将黑巧克力装入小钢锅中，再隔热水加热，边加热边搅拌至完全溶化，即成巧克力酱。

6 将香缇鲜奶油倒入大玻璃碗中，用电动打蛋器打发。

7 将巧克力酱倒入大玻璃碗中，搅打均匀，即成香缇巧克力酱。

8 用抹刀将香缇巧克力酱抹在闪电泡芙上，再撒上防潮糖粉即可。

酥皮泡芙

烘焙：20分钟　难易度：★★☆

材料

泡芙：全蛋2个，低筋面粉120克，清水100毫升，牛奶100毫升，无盐黄油80克，盐1克，细砂糖7克；**酥皮**：无盐黄油27克，细砂糖25克，低筋面粉33克；**卡仕达奶油馅**：卡仕达粉35克，牛奶150毫升，动物性淡奶油100克

做法

1 将清水、牛奶倒入平底锅中，锅中再倒入无盐黄油、盐、细砂糖，边加热边搅拌至沸腾。

2 将低筋面粉过筛至锅中，搅拌成无干粉的面团，倒出面团放在干净的大玻璃碗中。

3 碗中倒入全蛋拌匀，制成面糊，装入套有圆齿裱花嘴的裱花袋里，在裱花袋尖端处剪一小口。

4 取烤盘铺上油纸，挤出6个造型一致的泡芙坯。

5 将细砂糖、低筋面粉、无盐黄油倒入大玻璃碗中，用橡皮刮刀翻拌均匀成面团，制成酥皮。

6 将酥皮擀薄，放入冰箱冷冻10分钟。

7 取出酥皮，分成六等份，盖在泡芙坯上，将烤盘放入已预热至180℃的烤箱中烤20分钟。

8 将卡仕达粉、牛奶搅拌均匀，制成卡仕达糊。

9 将动物性淡奶油用电动打蛋器搅打至九分发，将卡仕达糊倒入淡奶油碗中拌匀成卡仕达奶油馅。

10 将卡仕达奶油馅装入裱花袋里，取出烤好的泡芙，放凉，再用筷子在泡芙底部戳小洞，往里挤适量奶油馅即可。

法式小泡芙

烘焙：10分钟　难易度：★★☆

材料

泡芙壳：奶油100克，水125毫升，牛奶125毫升，低筋面粉150克，全蛋4个；**卡仕达内馅**：卡仕达粉40克，牛奶100毫升，白巧克力、黑巧克力、彩针糖各适量

做法

1 将奶油倒入锅中，倒入牛奶、水，开小火煮至沸腾。

2 将低筋面粉过筛至锅中，以软刮翻拌成无干粉的面团，一边用电动打蛋器搅打面团，一边分次加入全蛋。

3 使材料完全混合均匀，制成面糊，装入裱花袋里。

4 取烤盘，铺上油纸，将面糊从底部边绕圈边往上提，挤在油纸上，使之呈半球状。

5 放入已预热至190℃的烤箱烤10分钟取出，制成原味泡芙壳。

6 将卡仕达粉倒入大玻璃碗中，边倒入牛奶边搅拌，制成卡仕达内馅，装入裱花袋里，再挤入泡芙壳底部。

7 将白巧克力装入小钢锅中，再隔热水加热，边加热边搅拌至完全溶化，以相同的方式再溶化一点黑巧克力。

8 将泡芙壳表面朝下，沾满白巧克力，待白巧克力凝固，撒上彩针糖即可。

烘焙妙招

裱花袋尖端处的口子不宜剪得太大，以免制作生坯时形状不美观。

香橙布丁

烘焙：50分钟　难易度：★☆☆

材料

牛奶200毫升，细砂糖30克，全蛋90克，浓缩橙汁50毫升，香橙1个

做法

1 将牛奶、细砂糖倒入平底锅中，加热至沸腾，关火，待用。

2 将全蛋倒入大玻璃碗中，用手动打蛋器搅散。

3 边倒入平底锅中的奶液，边不停搅拌，倒入浓缩橙汁，不停搅拌均匀，制成布丁液。

4 取布丁杯，放在烤盘上，再倒入布丁液。

5 将烤盘放入已预热至150℃的烤箱中层，往烤盘上倒入适量热水，烤约50分钟。

6 取出烤好的布丁，放上切成片的香橙作装饰即可。

鸡蛋水果布丁

制作：20分钟　难易度：★☆☆

材料

鸡蛋1个，海藻糖1克，蛋黄2个，柠檬汁5毫升，奶粉10克，牛奶200毫升，草莓适量

做法

1 将牛奶、海藻糖、奶粉倒入煎锅，加热至溶解，不需要沸腾。
2 将鸡蛋液倒入玻璃碗中，加入牛奶液，用手动打蛋器搅拌均匀，再加入蛋黄液，搅拌均匀，制成鸡蛋糊。
3 将柠檬汁加入蛋糊中。
4 将全部的面糊过筛至另一个玻璃碗中。
5 面糊静置片刻，烤箱中的烤盘倒入些许热水。
6 将面糊倒入耐高温的碗，放入装着热水的烤盘中，再置入预热至180℃的烤箱内，蒸20分钟取出装盘，放上草莓即可。

烘焙妙招

柠檬汁主要是为了去除鸡蛋的腥味。

焦糖布丁

烘焙：20分钟 难易度：★☆☆

材料

全蛋2个，蛋黄2个，细砂糖45克，牛奶150毫升，香草精1克

做法

1 将全蛋、蛋黄、细砂糖倒入大玻璃碗中，用手动打蛋器搅拌均匀至细砂糖完全溶化。

2 倒入牛奶，搅拌均匀。

3 倒入香草精，搅拌均匀，将拌匀的材料过筛至另一个大玻璃碗中，即成布丁液。

4 将布丁液倒入布丁杯中，将布丁杯放在装有适量清水的烤盘上，再移入已预热至180℃的烤箱中层，烤约20分钟。

5 取出布丁杯，在布丁上撒上一层细砂糖。

6 用喷枪将细砂糖烤呈焦糖色即可。

滑嫩焦糖布丁

制作：40分钟　难易度：★☆☆

材料

焦糖浆：清水25毫升，细砂糖50克，热水15毫升；**布丁液**：牛奶160毫升，细砂糖25克，全蛋80克，动物性淡奶油100克，香草精3克

做法

1 将细砂糖倒入平底锅中，用中小火煎至焦糖色，倒入热水，用小火煮成焦糖浆。
2 将煮好的焦糖浆倒入备好的玻璃杯中。
3 将牛奶倒入干净的平底锅中，加热后倒入大玻璃碗中。
4 大玻璃碗中再倒入细砂糖，拌至溶化。
5 先后将全蛋液、淡奶油、香草精倒入大玻璃碗中，边倒边搅拌均匀，即成布丁液。
6 将布丁液过筛至量杯中，再将过筛后的布丁液倒入玻璃杯中至八分满。
7 将蒸架放在注水的平底锅上，再放上玻璃杯。
8 盖上盖子，用中火蒸约30分钟，揭盖，取出蒸好的布丁即可。

豆乳枫糖布丁

制作：250分钟 难易度：★☆☆

材料

豆乳250克，枫糖浆40克，水发琼脂粉80克，装饰用枫糖浆15克

做法

1 平底锅中倒入枫糖浆。
2 再倒入豆乳。
3 开火加热平底锅，边加热边搅拌至冒热气。
4 转小火，倒入水发琼脂粉，继续搅拌至其溶化，即成豆乳枫糖布丁液。
5 取布丁杯，倒入豆乳枫糖布丁液。
6 将豆乳枫糖布丁液放入冰箱冷藏约4个小时。
7 取出冷藏好的豆乳枫糖布丁，淋上装饰用枫糖浆即可。

巧克力牛奶心形布丁

制作：490分钟　难易度：★☆☆

材料

淡奶油125克，牛奶125毫升，糖粉10克，吉利丁片8克，巧克力酱80克

做法

1 将吉利丁片装入碗中，再倒入适量温水泡至吉利丁片软化。

2 将淡奶油、牛奶、糖粉倒入平底锅中，边加热边搅拌至沸腾。

3 捞出泡软的吉利丁片，放入锅中，不停地搅拌至其完全溶化，即成白色布丁液，倒出三分之一的白色布丁液待用。

4 锅中再倒入巧克力酱，继续搅拌至其完全溶化，即成黑色布丁液。

5 取干净的玻璃杯，倾斜着固定在底座上，往杯中倒入黑色布丁液，将布丁杯放入冰箱冷藏约5个小时至完全凝固。

6 取出布丁杯，换个位置再次倾斜着固定在底座上，往杯中倒入白色布丁液，放入冰箱，再次冷藏约3个小时至完全凝固即可。

蓝莓布丁

制作：190分钟　难易度：★☆☆

材料

吉利丁片5克，蓝莓20克，牛奶160毫升，柠檬汁3毫升，动物性淡奶油20克，朗姆酒3毫升，细砂糖35克，蓝莓、罗勒叶各适量

做法

1 将蓝莓倒入碗中，加入细砂糖，拌匀，静置约30分钟。

2 平底锅中倒入拌好的蓝莓，开中火，边加热边翻拌至蓝莓软烂。

3 将吉利丁片装入碗中，倒入适量温水泡至吉利丁片软化。

4 改为小火，倒入柠檬汁，翻拌均匀，煮至沸腾；关火，倒入牛奶，煮至沸腾。

5 倒入动物性淡奶油，搅拌均匀；倒入朗姆酒，拌匀。

6 将泡软的吉利丁片放入锅中，利用余温拌至吉利丁片溶化，即成蓝莓布丁液。

7 倒入布丁杯中，放入冰箱冷藏约3小时，取出冷藏好的布丁，放上蓝莓、罗勒叶作装饰即可。

诺曼底烤米布丁

烘焙：15分钟　难易度：★☆☆

材料

大米90克，牛奶125毫升，水250毫升，糖30克，蛋黄30克，奶油12克，香草荚1支，柠檬皮少许

做法

1 将大米提前一个晚上浸泡。

2 将水和牛奶倒入平底锅中。

3 取香草荚，将里面的种子刮入锅中。

4 倒入浸泡好的大米，搅拌均匀，大火煮沸后转小火煮至米粒熟透。

5 倒入糖，搅拌均匀至完全溶化，关火。

6 依次倒入蛋黄、奶油、新鲜柠檬皮，用橡皮刮板搅拌均匀。

7 稍稍放凉后倒入烤模中。

8 再将烤模放在注入了六分满水的烤盘上，将烤盘移入已预热至180℃的烤箱中层，烤约15分钟后取出即可。

水晶西瓜冻

制作：250分钟　难易度：★☆☆

材料

吉利丁片8克，西瓜（半个）1000克，细砂糖15克

做法

1 将吉利丁片装入碗中，倒入适量清水。
2 用勺子将西瓜瓤挖出，装入大玻璃碗中，瓜皮留着待用。
3 用搅拌机将西瓜瓤搅打成汁，将西瓜汁过筛至另一个碗中。
4 捞出泡软的吉利丁片，沥干水分，装入另一个碗中，倒入细砂糖，隔热水加热至溶化，用勺子搅拌均匀。
5 往碗中倒入适量西瓜汁，搅拌均匀。
6 倒回至装有剩余西瓜汁的大玻璃碗中，拌匀后倒入量杯中。
7 取瓜皮，倒入量杯中的西瓜液。
8 将西瓜放入冰箱冷藏4个小时以上，取出西瓜冻，切成块即可。

牛奶冻

烘焙：250分钟　难易度：★☆☆

材料

纯牛奶250毫升，糖粉35克，玉米淀粉20克，椰浆10克，鱼胶粉10克，椰蓉30克，开水40毫升

做法

1 往装有鱼胶粉的碗中倒入开水，搅拌均匀。
2 倒入椰浆，搅拌均匀；将牛奶倒入平底锅中，用中小火加热。
3 倒入玉米淀粉、糖粉，用手动打蛋器搅拌均匀；倒入搅拌至溶化的鱼胶椰浆液，边加热边搅拌至呈糊状。
4 倒入一半的椰蓉，搅拌成无干粉的糊。
5 用保鲜膜包住慕斯圈做底，撒上适量椰蓉。
6 倒入平底锅中的面糊，移入冰箱冷藏4个小时以上。
7 取出牛奶冻，切成条，再切成丁。
8 将牛奶冻沾裹上一层椰蓉，装入盘中即可。

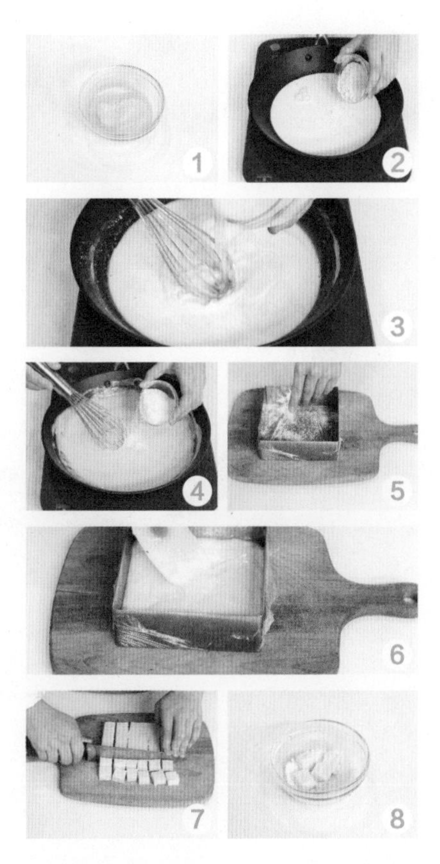

日风静冈抹茶酥饼

烘焙：20分钟　难易度：★★★

材料

饼皮：奶油105克，糖粉90克，蛋黄15克，低筋面粉150克，抹茶粉8克，杏仁片50克；**饼干夹馅**：淡奶油150克，糖粉15克

做法

1 将奶油倒入大玻璃碗中，筛入糖粉，以软刮拌匀，改用电动打蛋器搅打均匀，边倒入蛋黄，边搅打均匀。

2 将低筋面粉过筛至大玻璃碗中，再倒入杏仁片，翻拌均匀成无干粉的面团。

3 取出一半的面团待用，剩下的面团中筛入抹茶粉，揉搓成光滑的面团。

4 操作台上铺上保鲜膜，放上面团后包裹起来，擀成薄面皮，制成抹茶面皮。

5 将另一半待用的面团放在铺有保鲜膜的操作台上，包裹起来后用擀面杖擀成厚薄一致的薄面皮，放入冰箱冷藏一会儿，即成原味面皮。

6 取出抹茶面皮，用刀将面皮分切成大小一致的长方形面皮，制成抹茶饼坯。

7 取出原味面皮，用刀将面皮分切成大小一致的长方形面皮，制成原味饼坯。

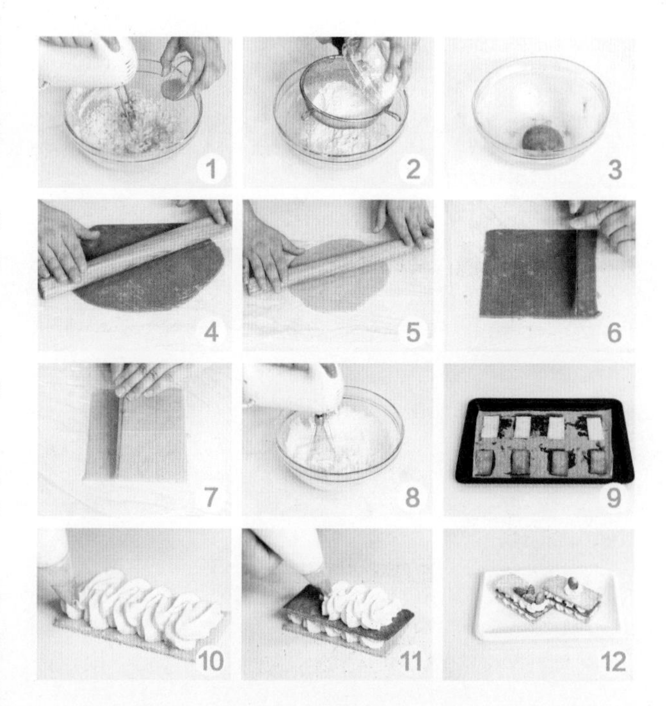

8 取烤盘铺上油纸，将抹茶饼坯、原味饼坯放在油纸上，将烤盘移入已预热至170℃的烤箱中烤20分钟后取出。

9 将150克淡奶油和15克糖粉倒入大玻璃碗中用电动打蛋器搅打，制成饼干夹馅，装入套有裱花嘴的裱花袋里。

10 在原味饼干上挤上饼干夹馅。

11 放上抹茶饼干，挤上饼干夹馅。

12 再放上一块原味饼干，最后挤上饼干夹馅，放上杏仁，筛入糖粉。

半熟乳酪挞

烘焙：40分钟　难易度：★☆☆

材料

挞皮部分：全蛋10克，细砂糖35克，无盐黄油90克，低筋面粉150克；**内馅：**奶油乳酪100克，牛奶10毫升，细砂糖25克，淡奶油40克，玉米粉2克，朗姆酒2毫升，柠檬汁2毫升

做法

1 用温室软化的黄油和细砂糖倒入调理碗中，用橡皮刮刀搅拌均匀。

2 再加入全蛋液继续搅拌。

3 筛入低筋面粉，搅拌成均匀的面团，再把面团分成一个个小面团放入挞模中。

4 用拇指捏面皮，将面皮和挞模贴合好。

5 切去多余的面皮后用叉子在中间戳几个小洞。

6 放置烤盘后，再放进预热至180℃的烤箱中烘烤10分钟取出。

7 将奶油奶酪、牛奶、细砂糖、淡奶油倒入调理碗中隔水加热，并用打蛋器搅拌均匀。

8 加入玉米粉、柠檬汁、朗姆酒，用搅蛋器混合均匀做成内馅。

9 先将内馅倒入量杯中，再将内馅倒入烤了10分钟的挞皮中。

10 再次放置烤盘入炉烘烤20分钟，取出稍微放凉即可。

提拉米苏豆腐蛋糕

制作：20分钟　难易度：★☆☆

材料

豆腐150克，蜂蜜15克，豆浆30毫升，豆乳蛋糕、咖啡粉、碧根果各适量

做法

1 将豆腐、豆浆、蜂蜜倒入搅拌机中，启动搅拌机，将材料搅打成泥。
2 将搅打好的材料倒入玻璃碗中，制成蛋糕糊。
3 将豆乳蛋糕切成丁，装入杯中。
4 将蛋糕糊倒在豆乳蛋糕丁上，用软刮将蛋糕糊表面抹平。
5 将咖啡粉过筛在蛋糕糊表面上。
6 最后放上碧根果点缀即可。

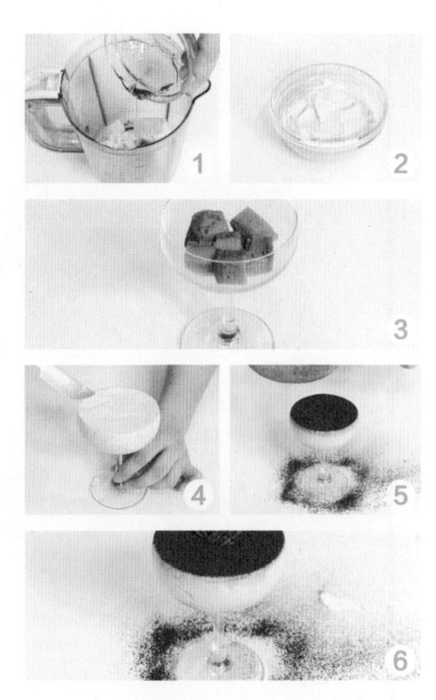

菠萝派

烘焙：18分钟　难易度：★★☆

材料

派皮：奶油65克，糖粉45克，鸡蛋液15克，低筋面粉100克；**杏仁内馅**：奶油62克，砂糖62克，鸡蛋液50克，杏仁粉62克；**装饰**：南瓜子（烤过）少许，草莓1个，菠萝片75克

做法

1 在玻璃碗中放入奶油，再倒入糖粉，用手动打蛋器将材料搅拌均匀。

2 倒入鸡蛋液，搅拌均匀，筛入低筋面粉，翻拌至无干粉，继续拌匀，制成面团。

3 取出面团，用保鲜膜包裹起来，放在操作台上，擀成厚薄一致的面皮。

4 将面皮铺在圆形模具上，再用刮板沿着模具周围将多余的面皮切掉，制成派皮坯。

5 用叉子在派皮坯底部均匀地戳上小孔，移入冰箱冷藏5分钟。

6 再移入已预热至180℃的烤箱中层，烤约18分钟后取出。

7 将奶油和砂糖倒入大玻璃碗中，搅拌均匀。

8 将杏仁粉倒入碗中，以软刮翻拌至无干粉，再用手动打蛋器搅打均匀。

9 分3次倒入鸡蛋液，边倒边搅拌至完全融合的状态，制成杏仁内馅。

10 将杏仁内馅装入烤好派皮里，用抹刀抹匀。

11 再将切好的菠萝放在杏仁内馅上摆成一圈，中间放上对半切开的草莓。

12 最后撒上切碎的南瓜子作装饰即可。

烤苹果派

烘焙：18分钟　难易度：★★☆

材 料

派皮：奶油65克，糖粉45克，全蛋液15克，低筋面粉100克；**卡仕达内馅**：卡仕达粉40克，牛奶100毫升；**装饰**：苹果1个，杏仁碎适量

做 法

1 在玻璃碗中放入奶油，再倒入糖粉，用手动打蛋器将材料搅拌均匀，倒入全蛋液，继续搅拌一会儿。

2 将低筋面粉过筛至玻璃碗中，以软刮翻拌至无干粉，继续拌一会儿成面团。

3 取出面团，用保鲜膜包裹起来，放在操作台上，用擀面杖将其擀成厚薄一致的面皮（厚度约为0.5厘米）。

4 撕开保鲜膜，将面皮铺在圆形模具上，再用擀面杖擀去模具以外的大部分面皮。

5 用刮板沿着模具周围将多余的面皮切掉，制成派皮坯。

6 用叉子在派皮坯底部均匀戳上小孔，移入冰箱冷藏5分钟后，再移入已预热至180℃的烤箱中层，烤约18分钟后取出即可。

7 将卡仕达粉倒入大玻璃碗中，边倒入牛奶边搅拌，使材料混合均匀，持续搅拌至呈稠状，提起手动打蛋器材料不易滑落，即成卡仕达内馅。

8 将卡仕达内馅倒入烤好的派皮里，再用抹刀抹匀表面。

9 将苹果切开、去核，再改切成薄片，将苹果片浸泡在冰水中，以免氧化变黑，捞出苹果片，一片一片摆在卡仕达内馅上形成一个完整的圈。

10 最后撒上少许杏仁碎作装饰即可。

巧克力派

烘焙：13分钟 难易度：★★☆

材料

派皮：奶油67克，糖粉52克，全蛋液30克，杏仁粉19克，低筋面粉127克；**巧克力内馅**：鲜奶油100克，苦甜巧克力100克，奶油10克；**装饰**：杏仁巧克力、核桃仁各适量

做法

1 将奶油倒入大碗中，再倒入糖粉，搅拌均匀。
2 分次加入全蛋液，边倒边搅拌均匀。
3 将杏仁粉、低筋面粉过筛至大碗里，以软刮翻拌至无干粉，再用手揉搓成面团。
4 操作台上铺上保鲜膜，再放上面团，用保鲜膜包裹住面团，将面团擀成厚薄一致的薄面皮。
5 打开保鲜膜，取下面皮放在模具上，用擀面杖轻擀表面，去掉多余的面皮。
6 再用手围着派皮内壁轻轻按压，用叉子在派皮底部均匀戳上小孔，将派皮放在烤盘上，移入已预热至180℃的烤箱中烤约13分钟后取出。
7 将巧克力切碎后装入小钢盆，隔水加热溶化。
8 倒入鲜奶油，搅拌均匀，倒入奶油，以刮刀充分搅拌均匀，持续搅拌至呈稠状，提起手动打蛋器材料不易滑落，制成巧克力内馅。
9 将巧克力内馅倒入派皮中，移入冰箱冷冻15分钟。
10 取出后，先放上杏仁巧克力围成圈，再放上核桃仁即可。

鲜奶蛋挞

烘焙：30分钟　难易度：★★☆

材料

挞皮：高筋面粉60克，低筋面粉45克，无盐黄油70克，细砂糖25克，全蛋液18克，淡奶油8克，香草精0.5克；**挞馅**：蛋白120克，炼奶40克，牛奶80毫升，淡奶油100克，香草精2克，热水35毫升

做法

1 将无盐黄油、细砂糖倒入大玻璃碗中拌匀。

2 倒入全蛋液，用电动打蛋器搅打均匀；倒入淡奶油、香草精，用电动打蛋器搅打均匀。将低筋面粉、高筋面粉过筛至碗里，用橡皮刮刀翻拌成无干粉的面团。

3 取挞皮模具，再将面团分成四等份后放进模具内，再用手将面团捏至厚薄一致，且刚好紧贴在模具内壁上，制成挞皮坯。

4 用叉子在挞皮坯上插上几排孔，将挞皮坯放入已预热至180℃的烤箱中烤约5分钟。

5 炼奶和热水倒入干净的大玻璃碗中，搅拌均匀。

6 再倒入香草精、淡奶油、蛋白拌匀。

7 将拌匀的材料过筛至另一个大玻璃碗中，倒入牛奶，快速搅拌均匀，制成挞馅。

8 从烤箱中取出烤好的挞皮。

9 用勺子将挞馅盛入挞皮中，制成鲜奶蛋挞坯。

10 将鲜奶蛋挞坯放入已预热至200℃的烤箱中层，烤约30分钟至上色即可。

柠檬蛋白挞

烘焙：18分钟　难易度：★★☆

材料

派皮：奶油65克，糖粉45克，鸡蛋液15克，低筋面粉100克；**蛋白糊**：蛋白100克，细砂糖103克，清水40毫升；**柠檬蛋黄馅**：全蛋液26克，蛋黄（1个）18克，玉米淀粉26克，细砂糖60克，无盐黄油12克，柠檬汁10毫升，盐2克，清水120毫升

做法

1 在玻璃碗中放入奶油，再倒入糖粉、鸡蛋液拌匀，筛入低筋面粉，翻拌成面团。

2 取出面团，用保鲜膜包裹起来，放在操作台上，擀成厚薄一致的面皮。

3 将面皮铺在圆形模具上，再用刮板沿着模具周围将多余的面皮切掉，制成派皮坯。

4 用叉子在派皮坯底部均匀戳上小孔，移入冰箱冷藏5分钟，再移入已预热至180℃的烤箱中烤18分钟后取出。

5 将蛋白倒入大玻璃碗中，用电动搅拌器搅打至九分发。

6 将细砂糖和清水倒入平底锅中，开中火加热至沸腾，缓慢倒入蛋白碗中，搅打均匀，制成蛋白糊，装入套有圆齿裱花嘴的裱花袋里。

7 全蛋液和蛋黄倒入碗中拌匀。

8 将玉米淀粉倒入装有20毫升清水的碗中拌匀，再倒入装有鸡蛋液的碗中拌匀。

9 将100毫升清水、盐、细砂糖倒入平底锅中，开中火加热至沸腾，缓慢倒入装有鸡蛋液的碗中拌匀，再倒入柠檬汁拌匀，倒回平底锅中。

10 开中火加热，边加热边搅拌至呈糊状，倒入无盐黄油，快速搅拌均匀，制成柠檬蛋黄馅。

11 用橡皮刮刀将柠檬蛋黄馅盛入派皮内，抹匀、抹平。

12 将蛋白糊挤在柠檬蛋黄馅上，用喷枪烘烤蛋白糊表面使之呈焦黄色即可。

流心芝士挞

烘焙：27分钟　难易度：★★☆

材料

挞皮：无盐黄油60克，细砂糖25克，低筋面粉适量，蛋黄（1个）22克，清水5毫升；**挞馅**：奶油奶酪100克，炼奶15克，细砂糖25克，淡奶油60克，柠檬汁3毫升，玉米淀粉3克，蛋黄液少许

做法

1 将室温软化的无盐黄油和细砂糖倒入大玻璃碗中，用橡皮刮刀翻拌均匀；倒入蛋黄，翻拌均匀；倒入清水，翻拌均匀。

2 将低筋面粉过筛至碗里，用橡皮刮刀翻拌至无干粉，制成面团，撒少许低筋面粉，揉搓几下。

3 取挞皮模具，再将面团分成四等份后放进模具内，再用手将面团捏至厚薄一致，且刚好紧贴在模具内壁上，制成挞皮坯。

4 用叉子在挞皮坯上插上几排孔，将挞皮坯放在烤盘上，再将烤盘放入已预热至200℃的烤箱中层，烤约17分钟。

5 将奶油奶酪装入大玻璃碗中用电动打蛋器搅打出纹路。

6 倒入炼奶、细砂糖、淡奶油，再次用电动打蛋器搅打均匀，倒入柠檬汁，用橡皮刮刀翻拌均匀。

7 倒入玉米淀粉，用手动打蛋器快速搅拌均匀至无干粉，制成挞馅。

8 将挞馅装入裱花袋，在裱花袋尖端处剪一个小口。

9 取出烤好的挞皮，再将挞馅挤在挞皮上，制成流心芝士挞坯，放入冰箱冷冻2个小时至变硬。

10 取出冷冻好的挞坯，用毛刷蘸上蛋黄液刷在挞皮表面，将流心芝士挞坯放入已预热至180℃的烤箱中层，烤约10分钟至上色即可。

坚果挞

烘焙：25分钟　难易度：★★☆

材料

挞皮：低筋面粉200克，无盐黄油120克，蛋黄（1个）17克，细砂糖8克，盐2克，清水30毫升；**坚果**：核桃仁30克，蔓越莓干12克，蓝莓干15克，杏仁20克，玉米片15克；**焦糖馅**：细砂糖50克，糖粉20克，蜂蜜50克，淡奶油100克；**装饰**：薄荷叶少许

做法

1 将室温软化的无盐黄油、细砂糖、盐倒入大玻璃碗中，用橡皮刮刀翻拌均匀。

2 倒入蛋黄，翻拌至混合均匀，分3次倒入清水拌匀。

3 将低筋面粉过筛至碗里，用橡皮刮刀翻拌均匀成面团。

4 用保鲜膜包裹住面团，放入冰箱冷藏约30分钟，制成挞皮面团。

5 取挞模，刷上无盐黄油。

6 再撒上少许低筋面粉。

7 取出冷藏好的挞皮面团，将面团分成35克一个的小面团，再搓成球，放入挞模内，捏几下挞模的内壁。

8 再用叉子均匀插上一些孔，放入已预热至180℃的烤箱中层，烤约25分钟即可。

9 将细砂糖、糖粉、蜂蜜倒入平底锅中，开小火，边加热边用橡皮刮刀搅拌至沸腾。

10 缓慢倒入淡奶油，搅拌均匀，开小火，将锅中材料拌煮成浓稠的糊状，制成焦糖馅。

11 将核桃仁、蔓越莓干、蓝莓干、杏仁、玉米片装入大玻璃碗中，放入焦糖馅，翻拌均匀，制成坚果焦糖馅。

12 取出烤好的挞皮，放凉至室温，将坚果焦糖馅装入挞皮内，再放上薄荷叶作装饰即可。

石榴派

烘焙：18分钟　难易度：★★☆

材料

派皮：低筋面粉85克，高筋面粉36克，无盐黄油55克，白油36克，细砂糖6克，盐3克，冰水36毫升；**派馅：**低筋面粉13克，蛋黄液36克，牛奶220毫升，淡奶油100克，无盐黄油23克，细砂糖50克，玉米淀粉5克；**装饰：**石榴粒、防潮糖粉各适量

做法

1 将冰水、盐、细砂糖倒入大玻璃碗中拌匀，制成冰糖水。

2 将高筋面粉和低筋面粉过筛至铺有烘焙垫的操作台上，开窝放上无盐黄油和白油，翻拌均匀，再用手揉匀。

3 继续开窝，倒入冰糖水，和匀，揉搓成光滑的面团，用保鲜膜包裹住面团，放入冰箱冷藏约30分钟。

4 取出冷藏好的面团，撕掉保鲜膜，面团放在铺有保鲜膜的烘焙垫上，撒上低筋面粉，擀成薄面皮。

5 提起面皮倒扣在挞模上，撕掉保鲜膜，用擀面杖按压掉挞模外多余的面皮。

6 用叉子均匀插上孔，放入已预热至180℃的烤箱中烤18分钟后取出，制成派皮。

7 将淡奶油装入大玻璃碗中用电动打蛋器搅打至九分发。将牛奶和无盐黄油倒入平底锅中，用中火加热至沸腾。

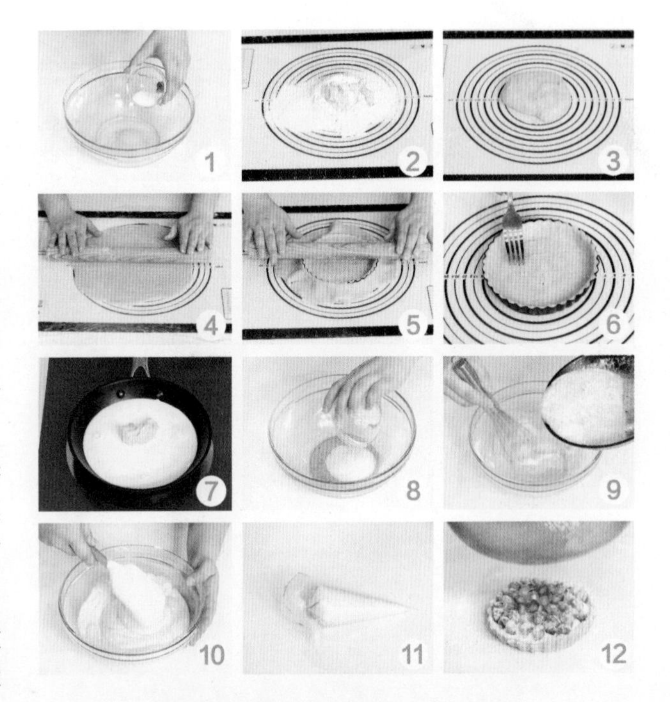

8 将蛋黄液和细砂糖倒入干净的大玻璃碗中拌匀，将低筋面粉、玉米淀粉过筛至碗里拌匀至无干粉。

9 将平底锅中的材料倒入大玻璃碗中拌匀，再倒回平底锅中，边加热边搅拌成糊状，关火，放凉至室温。

10 将一半的面糊和一半的打发淡奶油倒入大玻璃碗中拌匀，再倒入剩余的面糊和打发淡奶油拌匀，制成派馅。

11 将派馅装入裱花袋里，挤入烤好的派皮中至八分满。

12 放上剥好的石榴粒，筛上一层防潮糖粉即可。

台式椰子派

烘焙：20分钟　难易度：★★☆

材料

派皮：低筋面粉85克，高筋面粉36克，无盐黄油55克，白油36克，细砂糖6克，盐3克，苏打粉0.2克，冰水36毫升；**派馅**：全蛋（2个）110克，椰子粉25克，无盐黄油38克，细砂糖75克，奶粉10克，淡奶油15克

做法

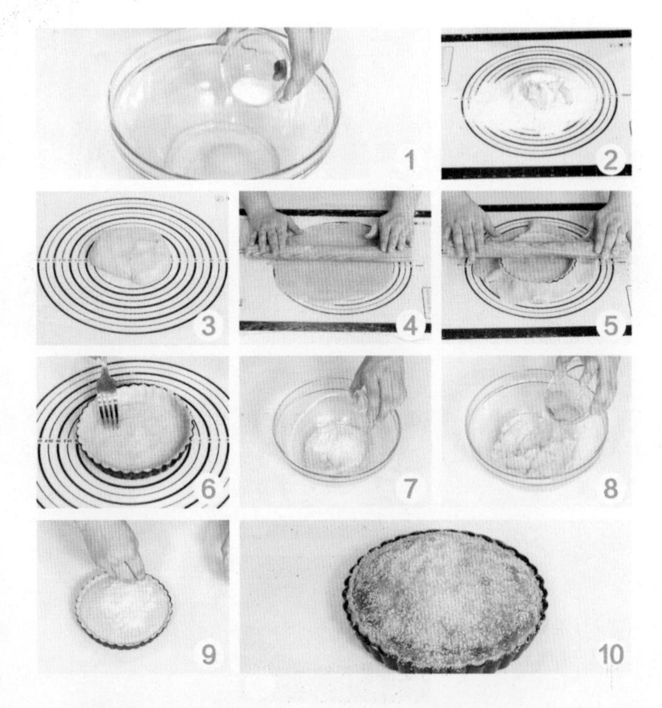

1 将冰水、盐、细砂糖倒入大玻璃碗中，用手动打蛋器搅拌均匀，制成冰糖水。

2 将高筋面粉、苏打粉和低筋面粉过筛至铺有烘焙垫的操作台上，开窝放上室温软化的无盐黄油和白油，用刮板翻拌均匀，再用手揉匀。

3 继续开窝，倒入拌匀的冰糖水，和匀，揉搓成光滑的面团，用保鲜膜包裹住面团，放入冰箱冷藏约30分钟。

4 取出冷藏好的面团，撕掉保鲜膜，面团放在铺有保鲜膜的烘焙垫上，撒上少许低筋面粉，用擀面杖将面团擀成厚薄一致的薄面皮。

5 提起面皮倒扣在挞模上，撤掉保鲜膜，用擀面杖按压掉挞模外多余的面皮。

6 轻轻捏几下挞模的内壁，再用叉子均匀插上孔，放入冰箱冷藏30分钟，制成派皮。

7 将室温软化的无盐黄油和细砂糖倒入大玻璃碗中，用橡皮刮刀翻拌至混合均匀，倒入淡奶油，快速搅拌均匀，倒入奶粉，搅拌至无颗粒。

8 分2次倒入全蛋，用手动打蛋器快速搅拌均匀，制成蛋奶馅。

9 取出冷藏好的派皮，盛入蛋奶馅，均匀撒上一层椰子粉，制成派坯。

10 放入已预热至200℃的烤箱中层，烤20分钟即可。

豆浆椰子布丁挞

烘焙：10分钟　难易度：★★☆

材料

挞皮：低筋面粉120克，蜂蜜40克，芥花籽油60毫升，泡打粉2克；**挞馅**：豆腐200克，淀粉20克，豆浆300毫升，蜂蜜60克，低筋面粉20克，椰子粉30克，椰丝粉40克

做法

1 将芥花籽油、蜂蜜倒入大玻璃碗中拌匀，将低筋面粉、泡打粉筛至碗里翻拌成面团。

2 取出面团，放在铺有保鲜膜的操作台上，包上保鲜膜，用擀面杖擀成厚薄一致的薄面皮。

3 用正方形蛋糕模按压出一个挞皮坯，撕掉多余的面皮，倒扣在铺有油纸的烤盘上。

4 用叉子在挞皮坯上叉出数个小孔，将烤盘放入已预热至180℃的烤箱中烤约10分钟。

5 将豆腐、豆浆、蜂蜜放入搅拌机中，搅打成浆液，将浆液倒入干净的大玻璃碗中。

6 将椰子粉、淀粉、低筋面粉过筛至碗里拌成面糊，倒入平底锅中边加热边搅拌，制成挞馅。

7 用保鲜膜包住正方形蛋糕模做底，放入烤好的挞皮，再倒入挞馅至七分满，制成挞坯。

8 取烤盘，铺上油纸，放上椰丝粉抹平，移入已预热至180℃的烤箱中烤10分钟至呈金黄色。

9 在挞坯上撒椰丝粉，放入冰箱冷藏6小时。

10 取出冷藏好的豆浆椰子布丁挞，脱模即可。